Collection **marab**

CW01672401

PLAY BAC

1 000 questions pièges en français

MARABOUT

Ce livre a pour but d'aider tous les élèves de Première à réviser le Bac-Français.
Les 1 000 questions ont été soigneusement sélectionnées par l'équipe Play Bac, testées sur de futurs bacheliers et vérifiées par des professeurs de Première.

Ces 1 000 questions insistent sur les pièges à connaître le jour du Bac-Français.
Elles rassemblent les « trucs » de grammaire, les expressions, les fautes impardonnables d'orthographe, le vocabulaire qui enrichira votre copie.

Elles sont un moyen de tester ses connaissances, de rédiger une très bonne dissertation et d'être à l'aise à l'oral.

Bonnes révisions et bonne chance pour le Bac !

SOMMAIRE

ORTHOGRAPHE

1.
Où faut-il mettre une majuscule dans : « les français connaissent-ils le français » ?

2.
Écrit-on « par endroit » ou « par endroits » ?

3.
Corrigez : les arborigènes d'Australie.

4.
Écrit-on « haluciné » ou « halluciné » ?

5.
Y a-t-il une faute d'orthographe dans la phrase : des yeux « bleu-vert » ?

6.
Corrigez : elle s'est fait agoniser d'injures.

7.
Chateaubriand a-t-il écrit : « Je suis gueux comme un rat ! » ou « Je suis gueu comme un rat ! » ?

8.
Corrigez l'expression : au diable veau vert.

9.
Quelle est l'autre orthographe du verbe « dessoûler » ?

10.
Dans *La Chanson de Roland*, Charlemagne combat-il les Sarrasins ou les Sarrazins ?

11.
Corrigez : Le dessin de quitter une dame qui ne le contentait que de promesses.

12.
Sur lequel de ces deux mots faut-il mettre un accent circonflexe : ingénument ou assidument ?

13.
Corrigez : sans aucun frais.

14.
Écrit-on « disgression » ou « digression » ?

15.
Corrigez : psykanalyse.

16.
Corrigez : sois-disant.

REPONSES

1. Les Français

2. Par endroits

3. Les aborigènes d'Australie

4. Halluciné

5. Non

6. Elle s'est fait agonir d'injures

7. Gueux

8. Vauvert

9. Dessaouler

10. Les Sarrasins

11. Dessein

12. Assidûment

13. Aucuns

14. Digression

15. Psychanalyse

16. Soi-disant

17.
Quel est le pluriel de bail ?

18.
Corrigez : lynx et sphynx.

19.
Écrit-on « une demi-heure » ou « une demie heure » ?

20.
Corrigez ce vers d'*Athalie* : « Comment en un plon vil l'or pur s'est-il changé ? »

21.
Corrigez : Il n'est pas poétique de penser que l'Albertine de Proust s'est appelé, en fait, Alfred.

22.
Corrigez : malgrés.

23.
Écrit-on « rédhibitoire » ou « rédibitoire » ?

24.
Quel est le pluriel de chef-d'œuvre ?

25.
Écrit-on « l'intérêt public » ou « l'intérêt publique » ?

26.
Corrigez : « mille cents francs » et « onze cent francs ».

27.
Corrigez : On m'a dit que, depuis peu, Hamlet a eu avec vous de fréquents tête-à-têtes.

28.
Corrigez : éxéquo.

29.
Écrit-on « apothicaire » ou « apoticaire » ?

30.
Écrit-on « de plain-pied » ou « de plein pied » ?

31.
Corrigez : etcetera.

32.
Corrigez cet extrait de la dictée de Mérimée : « Les cuisseaux de veau et les cuisseaux de chevreuil ».

REPONSES

17. Baux

18. Lynx et sphinx

19. Une demi-heure

20. Plomb

21. Appelée

22. Malgré

23. Rédhibitoire

24. Chefs-d'œuvre

25. L'intérêt public

26. Mille cent francs et onze cents francs

27. Tête-à-tête

28. Ex aequo

29. Apothicaire

30. De plain-pied

31. Et caetera

32. ... les cuissots de chevreuil

33.
Écrit-on « douairière » ou « douériaire » ?

34.
Corrigez : Le bûcheron succombait sous le fait.

35.
Mettez au pluriel la phrase : un après-midi de lèche-vitrines.

36.
Corrigez : Vat-t'en !

37.
Corrigez : Je ne suis pas prêt d'oublier cet affront.

38.
Écrit-on « un miroir sans tain » ou « un miroir sans teint » ?

39.
Quel est le pluriel d'aïeul ?

40.
Écrit-on « pléthorique » ou « plétorique » ?

41.
Corrigez : bailler aux corneilles.

42.
Corrigez : *A l'ombre des jeunes filles en fleur.*

43.
Quel est l'intrus parmi ces verbes : exhaler, exalter, exhorter, exhiber ou exhumer ?

44.
Corrigez : neuf semaines et demi.

45.
Corrigez : labirynthe.

46.
Trouvez l'erreur : « le font d'un puits », « les fonts baptismaux » et « un fonds de commerce ».

47.
Trouvez l'erreur dans ce titre du livre de Mauriac : *Mémoires intérieures*.

48.
Trouvez l'erreur dans ces vers de Racine :
« Je vais m'offrir à servir son couroux,
Même contre Alexandre, et même contre vous. »

REPONSES

33. Douairière

34. Faix

35. Des après-midi de lèche-vitrines

36. Va-t-en !

37. Près

38. Un miroir sans tain

39. Aïeuls (dans le sens de grands-parents) et aïeux (dans le sens d'ancêtres)

40. Pléthorique (qui signifie surabondant)

41. Bayer aux corneilles

42. *A l'ombre des jeunes filles en fleurs*

43. Exalter (ne prend pas de h)

44. Neuf semaines et demie

45. Labyrinthe

46. Le fond d'un puits

47. *Mémoires intérieurs* (au masculin)

48. Courroux

49.
Corrigez : *Le Tour du monde en quatre-vingt jours.*

50.
Corrigez : Il est supersticieux et astucieux.

51.
Corrigez : dithirambique.

52.
Trouvez les deux erreurs : « une satyre » et « un satire ».

53.
Quelle lettre manque-t-il à la fin de ce mot : un maharadja ?

54.
Corrigez : un millionaire.

55.
Trouvez l'erreur dans cette réplique de *Turcaret* : « Suis-je femme à thésoriser ? »

56.
Trouvez l'erreur dans cette phrase de De Gaulle : « La France a toujours été faite à coup d'épée ».

57.
Trouvez l'erreur dans : Léonard de Vinci a peint le Christ dans la scène.

58.
Corrigez : Poète, prends ton lut.

59.
Corrigez : L'empire fleurissait sous cet empereur.

60.
Trouvez les deux erreurs : « déshoneur » et « déshonnorer ».

61.
Corrigez : un comte de fées.

62.
Corrigez : C'est sur (dans le sens de « c'est évident »).

63.
Écrit-on « ma bien-aimée », « ma bien aimée » ou « ma bien-aimé » ?

64.
Corrigez ce titre du livre de Giraudoux : *Le Choix des éllues.*

REPONSES

49. Quatre-vingts

50. Superstitieux

51. Dithyrambique

52. Une satire et un satyre

53. Un h (maharadjah)

54. Un millionnaire

55. Thésauriser

56. … à coups d'épée

57. Cène

58. Luth

59. Florissait

60. Déshonneur et déshonorer

61. Un conte de fées

62. C'est sûr

63. Ma bien-aimée

64. *Le Choix des élues*

65.
Quelle lettre manque-t-il dans le verbe « acquiecer » ?

66.
Corrigez : il fesait froid.

67.
Corrigez ce participe présent : fatigant.

68.
Corrigez : une cession (de l'Assemblée nationale).

69.
Corrigez le premier verbe dans ces paroles de Phèdre à Hippolyte : « Je m'aborre encore plus que tu ne me détestes ».

70.
Quel est le genre du nom « abîme » ?

71.
Corrigez : un canulard.

72.
Corrigez : le cerfeuil sur le cerceuil.

73.
Quelle lettre manque-t-il dans le verbe « ressuciter » ?

74.
Corrigez : déguingandé.

75.
Corrigez : une sculture.

76.
Trouvez l'erreur dans : des hommes bien-pensant.

77.
Quelle lettre manque-t-il dans l'expression « plein d'alant » ?

78.
Écrit-on « s'entre-égorger » ou « s'entr'égorger » ?

79.
Trouvez l'erreur dans ce titre du livre de Giono : *Le Hussart sur le toit.*

80.
Écrit-on « quelque chose » ou « quelquechose » ?

81.
Corrigez le verbe : ceuillir.

REPONSES

65. Le s (acquiescer)

66. Il faisait froid

67. Fatiguant

68. Session

69. Abhorre

70. Masculin

71. Un canular

72. Le cerfeuil sur le cercueil

73. Le s (ressusciter)

74. Dégingandé

75. Une sculpture

76. Des hommes bien-pensants

77. Le l (allant)

78. S'entr'égorger

79. Hussard

80. Quelque chose

81. Cueillir

82.
Corrigez : les oasis ensoleillés.

83.
Corrigez : les oriflammes bleus.

84.
Lequel de ces verbes ne prend qu'un « p » : appartenir, appareiller, apparaître, appercevoir ou appauvrir ?

85.
Dans quelle langue écrit-on « traffic », en anglais ou en français ?

86.
Trouvez l'erreur : Tout est perdu fort l'honneur.

87.
Écrit-on que sa Sainteté le pape était « heureux » ou « heureuse » ?

88.
Trouvez l'erreur dans ce titre du livre d'Hervé Bazin : *Vipère au point.*

89.
Où manque-t-il un s dans cette phrase de La Fontaine : « J'aurai vécu sans soins, et mourrai sans remord » ?

90.
Corrigez « kabile » dans cette phrase de Gide : « C'est une coupe que m'offrit ce berger kabile ».

91.
Quelle lettre est en trop dans « exhorbitant » ?

92.
Quel mot n'est pas le bon dans ce vers de La Fontaine : « L'absence est le plus grand de tous les mots » ?

93.
Corrigez : les « panflets de Voltaire ».

94.
Quel pluriel manque dans cette phrase de Voltaire : « Tout est pour le mieux dans le meilleur des mondes possible » ?

95.
Corrigez « ornemants » dans ce vers dit par Néron : « Belle, sans ornemants, dans le plus simple appareil ».

REPONSES

82. Ensoleillées

83. Bleues

84. Apercevoir

85. En anglais (trafic en français)

86. Fors

87. Heureux

88. Poing

89. A remords

90. Kabyle

91. Le h (exorbitant)

92. ... maux (pour mots)

93. Pamphlets

94. Possibles

95. Ornements

96.
Corrigez « phoénix » dans ces mots de La Fontaine : « Vous êtes le phoénix des hôtes de ces bois ».

97.
Quel est le pluriel de « timbre-poste » ?

98.
Quel est le « f » de trop dans « siffler » et « persiffler » ?

99.
Quel est le pluriel de « gratte-ciel » ?

100.
Quel est le féminin de vainqueur ?

101.
Quels sont les sept noms en « ou » qui prennent un « x » au pluriel ?

102.
Corrigez : inomable.

103.
Corrigez ce titre de la pièce de Sartre : *Huit clos.*

104.
Lequel de ces verbes prend deux « p » : apostropher, aplatir, apaiser, apeler, aplanir ou apitoyer ?

105.
Trouvez les deux erreurs dans : guerre à la rétorique et paix à la sintaxe.

106.
Trouvez l'erreur dans l'expression « faire parti de ».

107.
Trouvez l'erreur dans cette phrase de Vigny : « Depuis ce matin, j'ai le spline ».

108.
Corrigez « ces-les-rats » dans : « Tu vois en Dom Juan, mon maître, le plus grand ces-les-rats que la terre ait jamais porté ».

109.
Corrigez le dernier mot de ce vers dit par Horace : « Et noyons dans l'oubli ces petits différents ».

110.
Corrigez ce titre du livre de Zola : *L'Assomoir*.

REPONSES

96. Phénix

97. Des timbres-poste

98. Celui de persifler

99. Des gratte-ciel

100. Le féminin n'existe pas (on utilise victorieuse)

101. Bijou, caillou, genou, chou, hibou, pou, joujou

102. Innommable

103. *Huis clos*

104. Appeler

105. Rhétorique et syntaxe

106. Partie

107. Spleen

108. Scélérat !

109. Différends

110. *L'Assommoir*

111.
Corrigez « billevesés » dans : Tous les propos qu'il tient sont des billevesés.

112.
Corrigez : un remors.

113.
Corrigez : appesanteur.

114.
Corrigez : imbécilité.

115.
A la fin de quel mot manque-t-il un « s » : « hormi » ou « parmi » ?

116.
Où faut-il mettre un « h » à « patétique » ?

117.
Corrigez : une kiryelle.

118.
Corrigez : un langage sybillin.

119.
Quelle lettre manque-t-il à la fin du nom « ayatolla » ?

120.
Où faut-il enlever un « f » : dans « soufflé » ou « boursoufflé » ?

121.
Écrit-on « acolite » ou « acolyte » ?

122.
Le tréma est-il bien placé sur ces mots : exiguë, aiguë, ambiguë et contiguë ?

123.
Quel est le pluriel de « soutien-gorge » ?

124.
Quel est le pluriel de « haut-parleur » ?

125.
Quel est le pluriel de « porte-parole » ?

126.
Corrigez « appâts » dans ce vers de Baudelaire : « Aux objets répugnants nous trouvons des appâts ».

127.
Lequel de ces mots ne prend pas d'accent circonflexe : « coût », « égoût » ou « dégoût » ?

REPONSES

111. Billevesées

112. Un remords

113. Apesanteur

114. Imbécillité

115. Hormis

116. Après le premier « t » (pathétique)

117. Kyrielle

118. Un langage sibyllin

119. Un « h » (ayatollah)

120. Dans boursouflé

121. Acolyte

122. oui (sur le « e »)

123. Soutiens-gorge

124. Haut-parleurs

125. Porte-parole

126. Appas

127. Égout

128.
Faramineux s'écrit-il avec « f » ou « ph » ?

129.
Où y a-t-il un « e » de trop dans : « ce martyre a souffert le martyre » ?

130.
Où y a-t-il un « e » de trop dans ce vers de *Phèdre* : « Tout vous livre à l'envie le rebelle Hippolyte ».

131.
Corrigez le dernier mot de cette phrase de Queneau : « Les idées se sont heurtées à la paroi de mon crâne et je les ai pensées ».

132.
Quel est le pluriel d'un « touche-à-tout » ?

133.
Corrigez « embeaumés » dans : Les effluves embeaumés de la mer.

134.
Quel est le pluriel de « pique-nique » ?

135.
Quel est le pluriel de « porte-plume » ?

136.
Corrigez : Obnibuler.

137.
Corrigez « lit » dans : J'ai promis de me taire, je boirai le calice jusqu'à la lit.

138.
Corrigez : immangable.

139.
Trouvez l'erreur dans : Deux cent millions de lecteurs ont lu *Les Misérables* de Victor Hugo.

140.
Où manque-t-il un accent dans la phrase : Nous lumes toute l'œuvre de Proust ?

141.
Corrigez : létargie.

142.
Quelle lettre faut-il ajouter au début de ce mot : une cission ?

143.
Quels sont les féminins de pécheur, menteur et décorateur ?

REPONSES

128. Les deux sont possibles

129. Ce martyr...

130. Envi

131. Pansées

132. Des touche-à-tout

133. Embaumés

134. Pique-niques

135. Porte-plume

136. Obnubiler

137. Lie

138. Immangeable

139. Deux cents...

140. Lûmes

141. Léthargie

142. Un « s » (scission)

143. Pécheresse, menteuse, décoratrice

144.
Quels sont les deux adjectifs dérivés du verbe « fuir » ?

145.
Trouvez l'erreur dans : des yeux bleux foncé.

REPONSES

144. Fugitif, fuyant(e)

145. Bleu

GRAMMAIRE

146.
Trouvez l'erreur dans : L'écritoire de Victor Hugo a été vendu aux enchères.

147.
Quel est le temps du verbe dans : « Moi, héron, que je fasse une si pauvre chère » ?

148.
Trouvez l'erreur dans : Les efforts qu'il a fallut faire pour connaître ce texte par cœur.

149.
Trouvez l'erreur dans : Elles s'étaient téléphonées plusieurs fois.

150.
Trouvez l'erreur dans : Les prix littéraires se sont bien vendu.

151.
Trouvez l'erreur dans ce vers de *Bajazet* : « La sultane d'ailleurs se fit à mes discours ».

152.
Faut-il corriger « rappelé » dans : Elle s'est rappelé tous les vers du poème de Baudelaire ?

153.
Mettez cette phrase de Balzac au passé simple : « Elle était aux anges quand son mari trouvait le dîner bon ».

154.
Quel est le participe passé de « mourir » ?

155.
Comment appelle-t-on les verbes qui ne sont pas suivis d'un complément d'objet ?

156.
A quel temps sont conjugués les verbes « voir » et « plaire » de ces phrases : Ah ! fallait-il que je vous visse, fallait-il que vous me plussiez ?

157.
Y a-t-il une faute de grammaire dans cette phrase : Ils se sont souri et congratulés ?

158.
Comment s'appelle l'accent tracé de gauche à droite ?

159.
Mettez les verbes à l'imparfait : Faut-il que je vous aime, et que je vous idolâtre ?

REPONSES

146. Vendue

147. Subjonctif présent

148. Fallu

149. Téléphoné

150. Vendus

151. Fie

152. Non

153. Elle fut aux anges quand son mari trouva le dîner bon

154. Mort

155. Les verbes intransitifs

156. A l'imparfait (du subjonctif)

157. Non

158. L'accent grave

159. Fallait-il que je vous aimasse, et que je vous idolâtrasse ?

160.
Mettez cette phrase à l'imparfait : Je le fais souvent mais n'en parle jamais.

161.
Mettez le verbe au passé antérieur : Antoinette apprenait à Proust à faire des caramels.

162.
Corrigez le verbe dans : Il vaint sa timidité.

163.
Corrigez « vu » dans cette phrase de Proust enfant : « Vous les avez vu, dites Madame, les cils d'Antoinette ? »

164.
Corrigez « redoutée » dans : L'esclandre tant redoutée eut lieu.

165.
Trouvez l'erreur dans : Malheureuse, tu t'es laissé séduire.

166.
Corrigez « rendus » dans : Lorsqu'ils se furent rendus compte de leur erreur.

167.
Mettez ces vers à l'imparfait :
Faut-il que je vous déplaise
Pour que vous m'assassiniez.

168.
Corrigez « levé » dans : L'équivoque fut levé.

169.
Conjuguez le verbe « appartenir » au passé simple.

170.
Conjuguez le verbe « croître » au passé simple.

171.
Conjuguez le verbe « clore » à l'imparfait.

172.
Conjuguez le verbe « coudre » au passé simple.

173.
Conjuguez le verbe « savoir » au passé simple.

REPONSES

160. Je le faisais souvent mais n'en parlais jamais

161. Antoinette eut appris à Proust à faire des caramels

162. Vainc

163. Vus

164. Redouté

165. Laissée

166. Rendu

167. Fallait-il que je vous déplusse pour que vous m'assassinassiez !

168. Levée

169. J'appartins, tu appartins, il appartint, nous appartînmes, vous appartîntes, ils appartinrent

170. Je crûs, tu crûs, il crût, nous crûmes, vous crûtes, ils crûrent

171. N'existe pas

172. Je cousis, tu cousis, il cousit, nous cousîmes, vous cousîtes, ils cousirent

173. Je sus, tu sus, il sut, nous sûmes, vous sûtes, ils surent

174.
Corrigez « échappait » dans : Il l'a échappait belle.

175.
Mettez la phrase à l'imparfait : Elle ne sort que la nuit de peur que les gens ne voient les ruines de sa beauté.

176.
Conjuguez le verbe « aller » à l'impératif présent (aux trois personnes).

177.
Corrigez : Il faut mieux y aller.

178.
Comment s'appelle l'accent tracé de droite à gauche ?

179.
Corrigez le verbe « décharger » dans cette phrase de Gide : « Les chameaux déchargeait enfin leur fardeau ».

180.
Corrigez « versé » dans ce vers de Phèdre : « Madame, au nom des pleurs que pour vous j'ai versé ».

181.
De quel verbe « ému » est-il le participe passé ?

182.
Corrigez : Bien qu'ils sont...

183.
Corrigez « vue » dans cette phrase extraite de *Madame Bovary* : « Vue la quantité, ce n'est pas trop cher ».

184.
Quels sont le mode et le temps du verbe « sortir » dans ce vers de La Fontaine : « Je voudrais qu'à cet âge on sortît de la vie ainsi que d'un banquet » ?

185.
Y a-t-il un accent circonflexe sur le « u » dans « il fut » au passé simple ?

186.
Comment s'écrit le participe passé du verbe « croire » ?

REPONSES

174. Échappé

175. Elle ne sortait que la nuit de peur que les gens ne vissent les ruines de sa beauté

176. Va, allons, allez

177. Il vaut mieux y aller

178. L'accent aigu

179. Déchargeaient

180. Versés

181. Émouvoir

182. Bien qu'ils soient…

183. Vu

184. Subjonctif imparfait

185. Non

186. Cru

187.
Quels sont les participes passé et présent de « vaincre » ?

188.
Mettez cette phrase au futur antérieur : Les mimiques de Michel Serrault dans l'*Avare* étaient irrésistibles.

189.
Mettez cette phrase au passé simple : Nous aimions l'interprétation de Phèdre par Marie Bell.

190.
Conjuguez « dire » et « contredire » à la deuxième personne du pluriel au présent de l'indicatif.

191.
Corrigez « inattendue » dans : Une décision qui n'a rien d'inattendue.

192.
Corrigez « résolu » dans : Ils se sont résolu à agir.

193.
Trouvez l'erreur dans : Proust interrogé toujours son interlocuteur avec passion et précision.

194.
Faut-il corriger « déplu » dans : Ils se sont déplu immédiatement ?

195.
Quel est le temps du verbe « avoir » dans cette phrase d'Agnès dans *L'École des femmes* : « J'aurai toutes les peines du monde à me passer de vous » ?

196.
Corrigez « voit » dans cette phrase d'Harpagon : « Il faut que je voit ma cassette ».

197.
Mettez la phrase au conditionnel passé 2e forme : J'aurais aimé voir Gérard Philipe dans *Hamlet*.

198.
Quels sont les temps et mode du verbe « s'excuser » dans cette phrase de Molière : « Je voudrais bien que vous l'excusassiez » ?

199.
Quels sont les temps et mode du verbe « vouloir » dans cette phrase d'Harpagon : « N'y a-t-il personne qui veuille me ressusciter, en me rendant mon cher argent » ?

REPONSES

187. Vaincu, vainquant

188. Les mimiques de Michel Serrault dans l'*Avare* auront été irrésistibles

189. Nous aimâmes l'interprétation de Phèdre par Marie Bell

190. Vous dites, vous contredisez

191. Inattendu

192. Résolus

193. Interrogeait

194. Non

195. Futur

196. Voie (subjonctif après « il faut que »)

197. J'eusse aimé voir Gérard Philipe dans *Hamlet*

198. Subjonctif imparfait

199. Subjonctif présent

200.
Corrigez « laissé » dans cette phrase de Chateaubriand : « Les mérites de Louis XVI ne rachetèrent pas les fautes que ses aïeux lui avaient laissé à expier ».

201.
Trouvez l'erreur dans ce vers du *Cid* :
« Enfin vous l'emportez et la faveur du Roi
Vous élève en un rang qui n'était du qu'à moi ».

202.
Mettez cette phrase au passé simple : Je suis une force qui va !

203.
Quelles lettres manquent à la fin de ces deux formes du verbe avoir : « bien que j'en ai » et « bien qu'il en ai » ?

204.
Corrigez « vint » dans : « Celui qui vint sans péril triomphe sans gloire ».

205.
Corrigez « coûter » dans ce vers de Racine : « Que de soins m'eût coûter cette tête charmante » ?

206.
Faut-il dire « bien qu'ils sont » ou « bien qu'ils soient » ?

207.
Corrigez « meurs » dans cette phrase de Madame de Sévigné : « Vous avez peur que je ne meurs de joie » ?

208.
Corrigez « retenu » dans cette déclaration d'Agrippine : « Remords, crainte, périls, rien ne m'a retenu ».

209.
Conjuguez « vaincre » au présent de l'indicatif.

210.
Quel est le temps du verbe « suivre » dans ce vers de Bérénice : « Mes pleurs et mes soupirs vous suivaient en tous lieux » ?

211.
Conjuguez le verbe « pouvoir » à la deuxième personne du pluriel au passé simple.

212.
Quel est le temps de « fléchir » dans ces vers de Racine :
« ... cet orgueil généreux
Qui jamais n'a fléchi sous le joug amoureux » ?

REPONSES

200. Laissées

201. Dû

202. Je fus une force qui alla !

203. Bien que j'en aie — Bien qu'il en ait

204. Vainc

205. Coûtés

206. Bien qu'ils soient

207. Meure

208. Retenue

209. Je vaincs, tu vaincs, il vainc, nous vainquons, vous vainquez, ils vainquent

210. Imparfait (de l'indicatif)

211. Vous pûtes !

212. Passé composé

213.
Corrigez « amené » dans cette déclaration de Bérénice : « A quel excès d'amour m'avez-vous amené ! »

214.
Corrigez « dépent » dans : Cela dépent de lui.

215.
Quels sont le mode et le temps des verbes dans ce vers : « Qu'ils me haïssent, pourvu qu'ils me craignent » ?

216.
Conjuguez le verbe « être aimé » à la première personne de l'imparfait du subjonctif.

217.
Corrigez le verbe « croire » dans : La plupart croit.

218.
Quel est le mode du verbe « aller » dans ce vers de Verlaine : « Je ne me suis pas consolé bien que mon cœur s'en soit allé » ?

219.
Conjuguez le verbe « falloir » au conditionnel présent.

220.
Quelle est la finale du verbe « conclure » au présent de l'indicatif 3e personne du singulier ?

221.
Quel est le participe passé de « résoudre » ?

222.
Quels sont le mode et le temps des verbes dans ce vers de *Britannicus* : « Plût aux dieux que ce fût le dernier de ses crimes » ?

223.
« Cela ne me dit rien qui *vaille.* » Quel verbe est ainsi conjugué ?

224.
Corrigez « corromp » dans : Le pouvoir corromp.

225.
Corrigez « assied » dans cette phrase de Priam à Hélène : « Viens ici, ma fille, assied-toi devant moi ».

226.
Corrigez le verbe « charger » dans ce vers d'*Oceano nox* : « Chaque vague en passant d'un butin s'est chargé ».

REPONSES

213. Amenée

214. Dépend

215. Subjonctif présent

216. Que je fusse aimé

217. Croient

218. Subjonctif

219. Il faudrait

220. Il conclut

221. Résolu

222. Subjonctif imparfait

223. Valoir

224. Corrompt

225. Assieds-toi

226. Chargée

227.
Corrigez le verbe dans : Envoies vite ta réponse.

228.
Corrigez « plus » dans : Ils se sont plus.

229.
Conjuguez le verbe « pouvoir » à l'impératif présent.

230.
Quels sont le mode et le temps du verbe « faire » dans ce vers de Corneille : « Que vouliez-vous qu'il fît contre trois » ?

231.
Quel est le temps des verbes dans ce vers : « L'espoir changea de camp, le combat changea d'âme » ?

232.
Mettez la phrase au passé simple : « J'ai l'habit d'un laquais, et vous en avez l'âme ! »

233.
Quels sont le temps et le mode de « faire » dans ce vers de Tartuffe :
« Il faut que par plaisir et sans aller plus loin
De tout ce qu'on vous dit, je vous fasse témoin » ?

234.
Comment est conjugué le verbe de ce vers d'*Iphigénie* : « Les vents nous auraient-ils exaucés cette nuit » ?

235.
Faut-il dire « un de ces mal de tête ! » ou « un de ces maux de tête ! » ?

236.
Corrigez le verbe « avoir » dans cette phrase de Proust : « Céleste, cette fois je vais mourir. Pourvu que j'ai le temps de finir mon travail ».

237.
Mettez cette phrase au futur antérieur : Le rôle de Kean est épuisant pour Belmondo.

238.
Conjuguez le verbe « pouvoir » à la première personne du présent du subjonctif.

239.
Corrigez « voit » dans cette phrase de Giraudoux sur Ondine : « Je veux que le monde voit ce qu'il possède de plus parfait ».

REPONSES

227. Envoie

228. Plu

229. Impossible !

230. Subjonctif imparfait

231. Passé simple (indicatif)

232. J'eus l'habit d'un laquais, et vous en eûtes l'âme

233. Subjonctif présent

234. Conditionnel passé (1re forme)

235. Un de ces maux de tête

236. Aie

237. Le rôle de Kean aura été épuisant pour Belmondo

238. Que je puisse

239. Voie

240.
Corrigez « aie » dans : Pourvu qu'il m'aie bien compris.

241.
Corrigez « parlés » dans : Ils se sont parlés pour la dernière fois.

242.
Quels sont le mode et le temps du verbe « devoir » dans ce vers d'Athalie : « Un songe, me devrais-je inquiéter d'un songe » ?

243.
Conjuguez le verbe « pouvoir » à la première personne de l'indicatif présent et à la forme interrogative.

244.
Corrigez le verbe « croire » dans : Bien qu'on croit...

245.
Corrigez le verbe dans la phrase : « Sa démonstration vous convaint-elle ? »

246.
Quel est le temps du verbe dans ce vers de Bérénice : « Dans l'orient désert quel devint mon ennui ! » ?

247.
Corrigez « eut » dans : Il me vient des idées de grandeur que je n'ai jamais eut.

248.
Corrigez « arroger » dans : Elles se sont arroger des privilèges.

249.
Corrigez le verbe « entendre » dans ce vers de Baudelaire : « Entend, ma chère, entend la douce nuit qui marche ».

250.
Corrigez le verbe « acquérir » dans : « Il faut que l'on acquiert assez de force d'âme ».

251.
Quel est le participe passé du verbe « dissoudre » au masculin et au féminin ?

252.
Conjuguez le verbe « faire » aux trois personnes de l'impératif présent.

253.
Corrigez « cru aimé » dans cette phrase de Bérénice : « Hélas ! je me suis cru aimé ».

REPONSES

240. Ait

241. Parlé

242. Conditionnel

243. Puis-je ?

244. Croie

245. Convainc-t-elle ?

246. Passé simple (indicatif)

247. Eues

248. Arrogé

249. Entends

250. Acquière (subjonctif présent)

251. Dissous, dissoute

252. Fais, faisons, faites

253. Cru aimée

254.
Faut-il dire « après qu'ils furent ou fussent venus » ?

255.
Quel est le participe passé du verbe « vivre » ?

256.
Corrigez « tué » dans ce vers de Victor Hugo : « Elle aimait trop le bal, c'est ce qui l'a tué » ?

257.
Quel est le temps du verbe « pouvoir » dans : « Il ne put résister à son charme » ?

258.
Quel est le participe passé du verbe « promouvoir » ?

259.
Faut-il dire « je m'assieds » ou « je m'assois » ?

260.
Corrigez « vu » dans cette déclaration du Petit Prince : « J'ai beaucoup vécu chez les grandes personnes. Je les ai vu de très près ».

261.
Quel est le participe passé du verbe « émouvoir » ?

262.
Faut-il dire : C'est la femme la plus mystérieuse « que nous avons » ou « que nous ayons » jamais rencontrée ?

263.
Quels sont les participes présent et passé du verbe « savoir » ?

264.
Corrigez « vue » dans : Elle s'était vue jeter à la porte de l'Académie.

265.
Quel est le temps du verbe dans : « Elle a vécu, Myrto, la jeune Tarentine » ?

266.
Corrigez « eut » dans : Les difficultés que j'ai eut à résoudre.

267.
Quels sont le mode et le temps du verbe « être » dans cette phrase de Péguy : « Nous fussions morts pour Dreyfus » ?

REPONSES

254. Après qu'ils furent venus (indicatif)

255. Vécu

256. Tuée

257. Passé simple

258. Promu

259. Les deux sont corrects

260. Vues

261. Ému

262. Que nous ayons (NB : subjonctif après « le plus », « le premier », « le seul »)

263. Sachant, su

264. Vu

265. Passé composé (indicatif)

266. Eu

267. Subjonctif imparfait

268.
Mettez au plus-que-parfait cette phrase de Zola : « Elle s'offrait avec impudeur souveraine ».

269.
Mettez cette phrase à l'imparfait : Faut-il que je vous idolâtre pour que vous me désespériez ?

270.
Conjuguez le verbe « être » au passé simple.

271.
Quel est le temps des verbes dans cette phrase de Daudet : « Il se tourna vers le tableau, prit un morceau de craie, ... et il écrivit aussi gros qu'il put : « Vive la France ! » ?

272.
Corrigez « laissée » dans : Elle s'est laissée subjuguer par votre charme.

273.
Quel est l'infinitif du verbe dans cette phrase d'Hamlet : « Que le ciel t'en absolve ! » ?

274.
Faut-il dire la moitié des téléspectateurs « a » ou « ont apprécié l'émission » ?

275.
Dans la phrase « une centaine d'invités de Louis XIV assistai(en)t à *L'Impromptu de Versailles* », le verbe doit-il être au singulier ou au pluriel ?

276.
Corrigez « prend » dans : « Prend un siège Cinna ».

277.
Quels sont le mode et le temps du verbe « savoir » dans cette déclaration de Monsieur Jourdain : « Il y a plus de 40 ans que je dis de la prose, sans que j'en susse rien » ?

278.
Corrigez « eut » dans : Les affronts qu'il a eut à subir.

279.
Corrigez « écri » dans : Madame de Sévigné et sa fille se sont écri des lettres.

280.
Corrigez le verbe dans : Il se méfiat.

281.
Corrigez « attacher » dans : « C'est Vénus tout entière à sa proie attacher ».

REPONSES

268. Elle s'était offerte avec impudeur souveraine

269. Fallait-il que je vous idolâtrasse pour que vous me désespérassiez ?

270. Je fus, tu fus, il fut, nous fûmes, vous fûtes, ils furent

271. Passé simple (indicatif)

272. Laissé

273. Absoudre

274. Ont apprécié

275. Au pluriel

276. Prends

277. Subjonctif imparfait

278. Eu

279. Écrit

280. Méfia

281. Attachée

282.
Quel est le verbe dans ce vers de Molière : « Sans plus de discours, résous-toi de me suivre » ?

283.
Conjuguez le verbe « vouloir » à la seconde personne du pluriel de l'impératif.

284.
Quel est le temps du verbe « devoir » dans ce vers de Phèdre : « J'ai dit ce que jamais on ne devait entendre » ?

285.
Quel est le temps des verbes dans cette phrase de Bossuet : « Madame se meurt, Madame est morte » ?

286.
Conjuguez « mourir d'amour » à la première personne de l'imparfait du subjonctif.

287.
Corrigez le verbe « pouvoir » dans : J'ai fait tous les efforts que j'ai put.

288.
Conjuguez le verbe « pleuvoir » au passé simple et au futur, 3e personne du singulier.

289.
Corrigez le verbe « appeler » dans ce vers d'Iphigénie : « C'est moi qui la première, Seigneur, vous appelais de ce doux nom de père » ?

290.
A quels temps et mode sont conjugués les verbes de ce vers de Bérénice : « Partez et ne me voyez plus » ?

291.
Corrigez « meurt » dans ce vers de Corneille : « Pour l'intérêt des dieux je consens qu'elle meurt ».

292.
Corrigez « eut » dans cette phrase de Balzac : « L'avare couvait sa fille, comme si elle eut été d'or ».

293.
Corrigez « croit » dans : Je ne souhaite pas qu'elle croit tout ce qu'il lui dit.

294.
Faut-il dire un accord « triparti » ou « tripartite » ?

REPONSES

282. Résoudre

283. Veuillez !

284. Imparfait (indicatif)

285. Présent et passé composé

286. Que je mourusse d'amour

287. Pu (invariable)

288. Il plut, il pleuvra

289. Appelai (1re personne du singulier, passé simple)

290. Impératif présent

291. Meure

292. Eût

293. Croie

294. Les deux sont corrects

295.
Faut-il dire « elle a l'air gentil » ou « gentille » ?

296.
Mettez au conditionnel présent ce vers de Rodrigue : « As-tu peur de mourir ? ».

297.
Parmi les adjectifs suivants, lequel s'écrit avec « aux » au pluriel : naval, natal, vital ou fatal ?

298.
Corrigez « entendue » dans : La sonate que j'ai entendue jouer.

299.
Lequel de ces noms prend un « s » au pluriel : feu, pneu, jeu ou aveu ?

300.
Dans l'expression « il s'en faut de beaucoup », s'agit-il du verbe « falloir » ou « faillir » ?

301.
Corrigez « aie » dans cette phrase de Molière : « Je consens qu'une femme aie des clartés de tout ».

302.
Conjuguez le verbe « défaillir » à la première personne du futur.

303.
Quel est le participe passé de « férir » ?

304.
Quel est le temps des verbes dans cet extrait d'*Hamlet* : « A ce bruit, le spectre s'est enfui à la hâte et s'est évanoui à notre vue » ?

305.
Quel est le temps des verbes de cette phrase : Alors le loup se jeta sur la petite chèvre et la mangea ?

306.
Comment sont conjugués les verbes de cette phrase dite par Iphigénie : « Tuez-moi demain ! laissez-moi vivre cette nuit » ?

307.
Quels sont les participes passés de « commettre » et de « compromettre » ?

308.
« Bref » est-il un adjectif ou un adverbe ?

REPONSES

295. Les deux sont corrects

296. Aurais-tu peur de mourir ?

297. Vital

298. Entendu (« J'ai entendu quoi ? ». Réponse : « jouer ». Le C.O.D. « que » (représentant sonate) est C.O.D. de jouer et non d'entendre

299. Pneu

300. Faillir

301. Ait

302. Je défaillirai

303. Féru

304. Passé composé

305. Passé simple

306. A l'impératif présent

307. Commis et compromis

308. Les deux

309.
Quel est le comparatif de bien ?

310.
Conjuguez le verbe « devoir » à la première personne de l'imparfait et du passé simple.

311.
Quel est le temps du verbe « avoir » dans ce vers de *Cinna* : « Moi, Seigneur ! moi que j'eusse une âme si traîtresse ! » ?

REPONSES

309. Mieux (NB : meilleur est le comparatif de bon)

310. Je devais, je dus

311. Subjonctif imparfait

EXPRESSIONS

312.
Corrigez : J'ai ramené une montre de Hong Kong.

313.
Faut-il dire « un » ou « une » oasis ?

314.
Corrigez : Je l'ai lu sur le journal.

315.
Corrigez : C'est tout ce dont il se rappelle.

316.
Faut-il dire « un » ou « une » mauvais(e) augure ?

317.
Faut-il dire « un » ou « une » épithète ?

318.
Corrigez : Je vous promets que je ne l'ai pas fait exprès.

319.
Corrigez : de façon à ce que.

320.
Corrigez : dans le but de.

321.
Corrigez : Je prévois toujours à l'avance.

322.
Corrigez : Il est probable qu'il vienne.

323.
Quelles sont les formules incorrectes : « Je m'excuse », « Je m'en excuse », « Veuillez m'excuser », « Excusez-moi » ?

324.
Corrigez : Passe-moi le ciseau.

325.
Corrigez : Partir à Marseille.

326.
Corrigez : Aussi bizarre que cela paraisse.

327.
Corrigez : A la demande du ministre.

REPONSES

312. J'ai rapporté une montre de Hong Kong

313. Une oasis

314. Je l'ai lu dans le journal

315. « C'est tout ce qu'il se rappelle » ou « ce dont il se souvient »

316. Un

317. Une épithète

318. Je vous assure

319. De façon que

320. Dans l'intention de, dans le dessein de

321. Je prévois toujours (sinon c'est un pléonasme)

322. Il est probable qu'il viendra (NB : indicatif après probable)

323. « Je m'excuse », « je m'en excuse »

324. Passe-moi les ciseaux

325. Partir pour Marseille

326. Si bizarre que cela paraisse

327. Sur la demande du ministre

328.
Corrigez : Il y avait assez bien de monde dans ce théâtre.

329.
Faut-il dire « il ne cesse » ou « il n'arrête pas » de parler ?

330.
Peut-on dire un raisonnement « basé sur » ?

331.
Corrigez : On débutera la soirée par un concert.

332.
Corrigez : « J'en ai assez de vos histoires, vous m'en rabattez les oreilles ».

333.
Corrigez : Je m'en rappelle.

334.
Faut-il dire : « Nous sommes convenus d'un rendez-vous » ou « Nous avons convenu d'un rendez-vous » ?

335.
Corrigez : Je vais au coiffeur.

336.
Corrigez : Harpagon croit que la clé est après la cassette.

337.
Corrigez : Proust travaillait de trop la nuit.

338.
Corrigez cette phrase de Molière : « Je consens à ce qu'une femme ait des clartés de tout ».

339.
Corrigez : Je ne tarirai pas en éloges sur cet écrivain.

340.
Corrigez : Ce produit est promotionné par une jeune entreprise.

341.
Corrigez : Vous ferez tout ce qui faut.

342.
Corrigez : J'espérais qu'elle vienne.

REPONSES

328. Il y avait « assez de monde » ou « beaucoup de monde »

329. Il ne cesse de parler

330. Non (fondé sur)

331. La soirée débutera par un concert

332. Vous m'en rebattez les oreilles

333. Je me le rappelle ou je m'en souviens

334. Nous sommes convenus d'un rendez-vous

335. Je vais chez le coiffeur

336. Harpagon croit que la clé est sur la cassette

337. Proust travaillait trop la nuit

338. Je consens qu'une femme

339. Je ne tarirai pas d'éloges sur cet écrivain

340. Ce produit est promu par une jeune entreprise

341. Vous ferez tout ce qu'il faut

342. J'espérais qu'elle viendrait

343.
Corrigez : J'ai ramené le programme du spectacle.

344.
Corrigez : Je la considère la meilleure actrice de l'année.

345.
Corrigez : Je m'attends que vous veniez demain.

346.
Corrigez : A moins qu'il part avant la fin de la représentation.

347.
Corrigez : Les acteurs se retirent après que les spectateurs aient applaudi.

348.
Corrigez : Elle rêve à un amant.

349.
Corrigez : Pourquoi pas commencer ?

350.
Corrigez : Chaplin fait une satire sur le travail à la chaîne.

351.
Corrigez : Une initiation sur la politique.

352.
Corrigez : Ce son est différent que celui du disque compact.

353.
Que faut-il dire : « résoudre », « solutionner » ou « résolver » un problème ?

354.
Corrigez : Elle est disparue.

355.
Complétez : « Charité bien ordonnée commence par...

356.
Corrigez : Aller de mal en pire.

REPONSES

343. J'ai rapporté le programme du spectacle (ramener signifie « conduire en menant »)

344. Je la considère comme la meilleure actrice

345. Je m'attends que vous viendrez demain

346. A moins qu'il (ne) parte avant la fin de la représentation

347. Les acteurs se retirent après que les spectateurs ont applaudi (indicatif après « après que »)

348. Elle rêve d'un amant

349. Pourquoi ne pas commencer ?

350. Une satire du travail à la chaîne

351. Une initiation à la politique

352. Différent de celui du disque compact

353. Résoudre

354. Elle a disparu

355. ... soi-même »

356. Aller de mal en pis

357.
Faut-il dire les remarques « qu'on lui a fait » ou « qu'on lui a faites » ?

358.
Corrigez : Je préfère plutôt celui-là.

359.
Corrigez : Je ferai ce qui me plaît.

360.
Corrigez : Il semble que le bicorne lui va très bien.

361.
Corrigez : Offrez-vous le vite !

362.
Corrigez : C'est les plus beaux vers de Baudelaire.

363.
A quel temps sont conjugués les verbes dans cette phrase dite par Juliette : « Quand Roméo ne s'appellerait plus Roméo, il conserverait encore les chères perfections qu'il possède » ?

364.
Corrigez : New York dont il vient de rentrer.

365.
Corrigez : Fais attention à ce que tout se passe bien.

366.
Corrigez : Au cas où vous prendrez des billets pour le théâtre.

367.
Corrigez : Ce sont d'eux que dépend la sortie du livre.

368.
Quelle expression italienne utilise-t-on pour dire « tout sans exception » ?

369.
Corrigez : Vous fumez de trop.

370.
Corrigez : Bien qu'il faudrait y aller.

371.
Corrigez : Je propose qu'on va commencer.

REPONSES

357. Faites

358. Je préfère celui-là

359. Je ferai ce qu'il me plaît

360. Il semble que le bicorne lui aille très bien (subjonctif après « il semble »)

361. Offrez-le vous vite !

362. Ce sont les plus beaux vers de Baudelaire

363. Conditionnel présent

364. New York d'où il vient

365. Fais attention que tout se passe bien

366. Au cas où vous prendriez (conditionnel)

367. C'est d'eux que dépend la sortie du livre

368. Tutti quanti

369. Vous fumez trop

370. Bien qu'il faille y aller

371. Je propose que l'on commence

372.
Corrigez : J'ai parlé avec lui.

373.
Corrigez : Ils devront partir, qu'ils le veulent ou non.

374.
Corrigez : Il mange que des gâteaux.

375.
Corrigez : Elle se rappelle d'une fois où...

376.
Corrigez : Il s'en est accaparé.

377.
Corrigez : Ce discours satisfait au public.

378.
Corrigez : Aller en bicyclette.

379.
Corrigez : Proust aime le retour dans le passé.

380.
Faut-il dire « Jésus a ressuscité » ou « est ressuscité » le troisième jour ?

381.
Faut-il dire « cela m'indiffère » ou « cela m'est indifférent » ?

382.
Complétez : « Tel père...

383.
Faut-il dire « après qu'il soit venu » ou « après qu'il est venu » ?

384.
Corrigez : Je recule en arrière.

385.
Corrigez : Les livres coûtent dix francs chaque.

386.
Corrigez : Ce film est très émotionnant.

387.
Corrigez : A votre dépens.

REPONSES

372. Je lui ai parlé

373. qu'ils le veuillent ou non

374. Il ne mange que des gâteaux

375. « Elle se rappelle une fois où » ou « elle se souvient d'une fois où »

376. Il l'a accaparé

377. Ce discours satisfait le public

378. Aller à bicyclette

379. Proust aime le retour au passé

380. Est

381. Cela m'est indifférent

382. ... tel fils »

383. Après qu'il est venu (NB : indicatif après « après que »)

384. Je recule

385. Les livres coûtent dix francs chacun

386. Le film est très émouvant

387. A vos dépens (NB : « dépens » toujours au pluriel)

388.
Corrigez : Vous me confusionnez.

389.
Corrigez : Il n'arrête pas de parler.

390.
Corrigez : Vous n'êtes pas sans ignorer que...

391.
Corrigez : Elle était mieux en naturel.

392.
Corrigez : En outre de sa médiocrité.

393.
Corrigez : Le faubourg Saint-Honoré est une rue très passagère.

394.
Corrigez : Il est capable d'être élu à l'Académie.

395.
Corrigez : Le docteur Proust avait vitupéré contre Marcel.

396.
Corrigez : Il a été insolent vis-à-vis de Madame de Guermantes.

397.
Corrigez : Proust ne résistait pas au plaisir de faire un épigramme.

398.
Corrigez : Il n'y a pas d'autre alternative.

399.
Corrigez : Je me promène parmi la foule.

400.
Corrigez : Conçu sur une grande échelle.

401.
Corrigez : Il est catastrophé.

402.
Corrigez : Débattre d'une question.

REPONSES

388. Vous me remplissez de confusion

389. Il ne cesse de parler

390. Vous n'êtes pas sans savoir que...

391. Elle était mieux au naturel

392. Outre sa médiocrité

393. Le faubourg Saint-Honoré est une rue très passante

394. Il est susceptible d'être élu à l'Académie

395. Le docteur Proust avait vitupéré Marcel

396. Il a été insolent envers Madame de Guermantes

397. Proust ne résistait pas au plaisir de faire une épigramme

398. « Il n'y a pas de solution » ou « Il n'y a pas d'alternative » ou « Il n'y a pas d'autre choix »

399. Je me promène dans la foule

400. Conçu à une grande échelle

401. Il est très abattu

402. Débattre une question

403.
Corrigez : J'irai te voir aux environs de quatre heures.

404.
Corrigez : Il est possible qu'il chantera.

405.
Corrigez : Monter les escaliers.

406.
Corrigez : Les risques sont réduits au maximum.

407.
Corrigez : Elle est déçue de cet article.

408.
Faut-il dire « un espèce de cancre » ou « une espèce de cancre » ?

409.
Faut-il dire « un » ou « une » orbite spatiale ?

410.
Faut-il dire « un » ou « une » acoustique ?

411.
Faut-il dire « pallier un problème » ou « pallier à un problème » ?

412.
Corrigez : Il s'est accaparé de tout le magot.

413.
Corrigez : C'est une faute d'attention.

414.
Corrigez : Je débute un travail.

415.
Corrigez : Il est furieux après vous.

416.
Corrigez : Dans toute l'acceptation du terme.

417.
Complétez ce proverbe : « Tout vient à point à qui sait...

418.
Corrigez : Personne lui parle.

REPONSES

403. ... Vers quatre heures (NB : aux environs : dans l'espace)

404. Il est possible qu'il chante

405. Monter l'escalier

406. Les risques sont réduits au minimum

407. Elle est déçue par cet article

408. Une espèce de cancre

409. Une orbite spatiale

410. Une acoustique

411. Pallier un problème

412. Il a accaparé tout le magot

413. C'est une faute d'inattention

414. Je commence un travail (NB : On ne peut pas « débuter quelque chose »)

415. Il est furieux contre vous

416. Dans toute l'acception du terme

417. ... attendre »

418. Personne ne lui parle

419.
Corrigez : Jeter le manche avant la cognée.

420.
Complétez ce syllogisme de Ionesco : « Tous les chats sont mortels. Socrate est mortel. Donc...

REPONSES

419. Jeter le manche après la cognée

420. ... Socrate est un chat »

VOCABULAIRE

421.
En 11 lettres, celui qui proscrit ou détruit les images saintes (ou les traditions).

422.
En 6 lettres, homme mal élevé et grossier.

423.
Quel est le sens du suffixe « gyne » (exemple : misogyne) ?

424.
En 7 lettres, lunettes sans branches.

425.
Quel nom exprime l'action de comparaître ?

426.
En 11 lettres, fascination pour sa propre personne.

427.
Quelle est l'interjection qui marque le doute, l'impatience et la réticence ?

428.
Quel adjectif signifie « qui a de grosses lèvres » ?

429.
Quel mot est à la fois opposé et complémentaire du « yin » dans la philosophie taoïste ?

430.
Quel mot français se dit « hooligan » en anglais ?

431.
En 6 lettres, musique jamaïcaine chantée par Bob Marley.

432.
En 5 lettres, homme grossier et brutal.

433.
En 11 lettres, en Asie du Sud-Est, tricycle à passagers.

434.
En 6 lettres, substance paralysante utilisée par les Indiens pour enduire leurs flèches.

435.
Quel mot hébreu s'applique à une nourriture conforme aux rites de préparation judaïque ?

436.
Quel est le nom de l'ancienne langue littéraire de l'Inde ?

REPONSES

421. Iconoclaste
422. Goujat
423. Femme
424. Binocle
425. La comparution
426. Narcissisme
427. Hum !
428. Lippu
429. Yang
430. Voyou
431. Reggae
432. Mufle
433. Cyclopousse
434. Curare
435. Kascher (ou cascher)
436. Le sanskrit

437.
Quels sont les trois mots de la famille de « snob » ?

438.
Quel mot français se dit « software » en anglais ?

439.
Quel est le sens de « pendarde » dans cette exclamation de Monsieur Jourdain : « A-t-on jamais vu une pendarde comme celle-là » ?

440.
En 9 lettres, qui utilise très peu de mots pour s'exprimer.

441.
En 7 lettres, femme de mœurs légères comme Odette, la femme de Swann.

442.
Proust vivait entre quatre murs doublés de subérine. Qu'est-ce que la « subérine » ?

443.
Quels sont les deux noms exprimant l'action de dénoncer ?

444.
En 9 lettres, mot familier pour dire : qui ennuie beaucoup.

445.
En 5 lettres, chef des démons.

446.
En 7 lettres, parler avec peine et hésitation.

447.
Dans quel pays parle-t-on le hindi ?

448.
En 6 lettres, loucher.

449.
En 6 lettres, et en langage familier : bavardage médisant.

450.
En 11 lettres : formule magique chez les Grecs.

451.
Quels sont les deux adjectifs de la famille de « loin » ?

452.
Trouvez un nom de la famille de « affection ».

REPONSES

437. Snober, snobinard(e), snobisme

438. Logiciel

439. Coquine, friponne, vaurienne

440. Laconique

441. Cocotte

442. Du liège

443. Délation et dénonciation

444. Assommant

445. Satan

446. Anonner

447. En Inde

448. Bigler

449. Cancan

450. Abracadabra

451. Lointain, éloigné

452. Affectivité, désaffection

453.
Quel est l'antonyme de « terrestre » ?

454.
Quel adjectif est dérivé du mot « épopée » ?

455.
Quel est le sens du préfixe « pseudo » ?

456.
Que signifie le préfixe « cosmo » (exemple : cosmopolite) ?

457.
En 12 lettres, menées secrètes, plus ou moins déloyales.

458.
Faut-il dire « un » ou « une » réglisse ?

459.
En 7 lettres et en langage populaire, homme grand et fort.

460.
Trouvez trois synonymes de « fascination ».

461.
Quel verbe est employé dans la formule « ci-gît » ?

462.
Quel est le sens du préfixe « ortho » (exemple : orthographe) ?

463.
Faut-il dire « un » ou « une » barbouze ?

464.
Trouvez deux synonymes de « poltron ».

465.
En 8 lettres, inquiétude profonde.

466.
Faut-il dire « bourré » ou « bourrelé » de remords ?

467.
En 7 lettres, force vitale inconsciente qui pousse à faire ou à ressentir quelque chose.

468.
Quelle expression signifie « regarder niaisement en l'air » ?

REPONSES

453. Céleste

454. Épique

455. Faux

456. Monde

457. Machinations

458. Une réglisse

459. Malabar

460. Charme, envoûtement, enchantement, séduction, attraction

461. Gésir

462. Droit, correct

463. Une barbouze

464. Peureux, lâche, couard, pusillanime, pleutre, timoré, froussard, trouillard

465. Angoisse

466. Bourrelé (de bourreau)

467. Pulsion

468. Bayer aux corneilles

469.
En 8 lettres, mot qui a à peu près le même sens qu'un autre.

470.
Trouvez trois synonymes de « chimérique ».

471.
Quelle est la racine latine signifiant « eau » ?

472.
En 8 lettres, se dit familièrement d'un élève favori.

473.
En 13 lettres, perfide, sans scrupule et calculateur.

474.
Trouvez un nom et un adjectif dérivés de « spectacle ».

475.
Trouvez un nom et un adjectif dérivés d'« art ».

476.
En 8 lettres, rappelle l'atmosphère oppressante des romans de Kafka.

477.
En 10 lettres, se dit familièrement d'un étourdi.

478.
En 6 lettres, forme d'esprit qui cache le comique derrière le sérieux.

479.
Comment s'appelle un habitant de Monaco ?

480.
En 10 lettres, se dit familièrement d'un personnage insignifiant.

481.
En 9 lettres, penchant très net à la luxure.

482.
En 5 lettres, personne joyeuse et sans souci.

483.
Quel est le contraire de « mépris » ?

484.
En 9 lettres, image où la réalité n'est pas nommée, mais suggérée.

485.
En 10 lettres, mot dont le son imite celui de l'objet qu'il représente (exemple : plouf !).

REPONSES

469. Synonyme

470. Fabuleux, fantastique, illusoire, irréel, utopique, invraisemblable, extraordinaire, rocambolesque

471. Aqua

472. Chouchou

473. Machiavélique

474. Spectateur (ou spectatrice), spectaculaire

475. Artiste, artistique

476. Kafkaïen

477. Hurluberlu

478. Humour

479. Un Monégasque

480. Foutriquet

481. Lubricité

482. Luron

483. Estime

484. Métaphore

485. Onomatopée

486.
Quel est le sens du suffixe grec « chromo » (exemple : polychrome) ?

487.
En 7 lettres, remède miracle contre tous les maux.

488.
En 7 lettres, alcool d'agave consommé au Mexique.

489.
Quel est le sens de la racine grecque « morphe » (exemple : morphologie) ?

490.
En 10 lettres, se dit familièrement de ce qui est « monstrueux par sa grandeur ».

491.
En 7 lettres, série de vers en nombre déterminé.

492.
Quelle interjection exprime le dégoût ?

493.
Quel est le sens du préfixe « photo » (exemple : photographie) ?

494.
En 8 lettres, qui s'adonne sans retenue aux plaisirs de la chair.

495.
Quel est le contraire d'objectivité ?

496.
Quel mot vient du latin « tripalium » (instrument de torture) ?

497.
Trouvez trois mots venant du latin « bellum » (guerre).

498.
En 4 lettres, paradis terrestre d'après la Bible.

499.
En 5 lettres, parole maladroite.

500.
Complétez ce proverbe : « Il n'y a que le premier pas qui…

501.
En 6 lettres, homme chargé de conduire un éléphant en Inde.

REPONSES

486. Couleur

487. Panacée

488. Téquila

489. Forme

490. Faramineux

491. Strophe

492. Pouah !

493. Lumière

494. Libertin

495. Subjectivité

496. Travail

497. Belliqueux, belliciste, bellicisme, belligérant(e), se rebeller, rebelle, rébellion

498. Eden

499. Gaffe

500. … coûte »

501. Cornac

502.
En 5 lettres, adjectif familier signifiant « truqué ».

503.
En 10 lettres, interpellation brusque, sans politesse.

504.
En 7 lettres, petit cor en ivoire dont Roland se sert pour appeler Charlemagne.

505.
En 7 lettres, désordre dû à une mauvaise gestion.

506.
En 5 lettres, désastre financier.

507.
En 8 lettres, attente angoissée.

508.
Trouvez deux synonymes de « démoniaque ».

509.
Quel est le sens du suffixe grec « orama » (exemple : panorama) ?

510.
Trouvez deux mots de la famille de « héros ».

511.
En 10 lettres, perversion qui fait rechercher le plaisir dans la douleur.

512.
Comment appelle-t-on les périodes de 10 jours et de 10 ans ?

513.
En 6 lettres, qui n'a pas été imprimé ou publié.

514.
Quel est le sens du préfixe « topo » (exemple : topographie) ?

515.
Trouvez quatre mots de la famille de « image ».

516.
Quel est le sens du préfixe latin « super » ?

517.
Sur quel nom est formé l'adjectif « incorruptible » ?

518.
Complétez le proverbe : « Qui trop embrasse mal...

REPONSES

502. Bidon

503. Apostrophe

504. Olifant

505. Gabegie

506. Krach

507. Suspense

508. Satanique, diabolique, infernal

509. Spectacle, vue

510. Héroïne, héroïque, héroïquement, héroïsme

511. Masochisme

512. 10 jours : décade, 10 ans : décennie

513. Inédit

514. Lieu

515. Imagerie, imaginer, imagination, imaginaire, inimaginable, imaginable, imaginatif, imagette, imagier

516. Au-dessus de

517. Corruption

518. ... étreint »

519.
Quel est le sens du préfixe « mono » ?

520.
En 4 lettres, synonyme de « verve ».

521.
En 6 lettres, anglicisme employé à tort pour exprimer un état de tension.

522.
Quel est le sens du suffixe « drome » (exemple : hippodrome) ?

523.
Trouvez trois mots formés avec « para » pour exprimer la protection contre les éléments atmosphériques.

524.
En 7 lettres, action de donner comme sien ce qu'on a copié sur autrui.

525.
Les mots « ace », « aérobic » et « trip » sont-ils aujourd'hui dans le Petit Larousse ?

526.
En 7 lettres, se dit d'une porte permettant le passage des voitures.

527.
Qu'est-ce qu'un phylactère dans le langage de la bande dessinée ?

528.
Qu'est-ce qu'un héros giralducien ?

529.
Que signifie le mot grec « polemos » (pensez à « polémique ») ?

530.
En 12 lettres, se considère comme le centre de l'univers.

531.
En 7 lettres, somme d'argent versée à titre de secours ou de subvention.

532.
Quel mot, signifiant « propos frivoles », termine ce vers de Molière : « Et de ces beaux blondins écouter les… ?

REPONSES

519. Seul

520. Brio

521. Stress

522. Course

523. Parapluie, parasol, parafoudre, paravent, paratonnerre, paravalanche

524. Plagiat

525. Oui

526. Cochère

527. Une bulle

528. Un héros de Giraudoux

529. Guerre

530. Égocentrique

531. Subside

532. … sornettes »

533.
Trouvez trois mots issus du grec « diplôma », feuille de papyrus pliée en deux.

534.
En 6 lettres, écrit qui tourne quelqu'un ou quelque chose en ridicule.

535.
Quel adjectif est dérivé du latin « marmor » signifiant froid comme le marbre ?

536.
Que signifie le mot latin « vir » (pensez à « viril ») ?

537.
En 5 lettres, adverbe signifiant « et aussi, et même ».

538.
Quelle maxime latine signifie « une âme saine dans un corps sain » ?

539.
Quelle locution arabe signifie « si Dieu le veut » ?

540.
En 7 lettres, gracieuse, avenante.

541.
En 7 lettres, rechercher et relever des mines sous-marines.

542.
En 8 lettres, nom donné aux Mélanésiens de la Nouvelle-Calédonie.

543.
En 8 lettres, et en langage très populaire, exagérer.

544.
En 9 lettres, spécialiste du vin.

545.
En 5 lettres et en anglais, passe-temps favori.

546.
En 6 lettres, horrible à voir.

547.
En 11 lettres, qui aime la France.

548.
En 8 lettres, amateur de musique.

549.
Que signifie l'expression « chanter a cappella » ?

REPONSES

533. Diplôme, diplômé(e), diplomate, diplomatie, diplomatique, diplomatiquement

534. Satire

535. Marmoréen

536. Homme

537. Voire

538. Mens sana in corpore sano

539. Inch'Allah

540. Accorte

541. Draguer

542. Canaques

543. Charrier

544. Œnologue

545. Hobby

546. Hideux

547. Francophile

548. Mélomane

549. Chanter sans accompagnement musical

550.
En 8 lettres, enchaînement de faits qui forment la trame d'un roman.

551.
En 12 lettres, bagarre.

552.
En 6 lettres, Japonaise très raffinée qui sait danser et chanter.

553.
Faut-il dire « un imminent » ou « un éminent » professeur ?

554.
En 8 lettres, hache de guerre du dernier des Mohicans.

555.
En 5 lettres, dernière lettre de l'alphabet grec.

556.
En 10 lettres, faire un tour rapide sur soi-même.

557.
Quel est le sens du verbe « férir » (pensez à l'expression « sans coup férir ») ?

558.
En 10 lettres, figure de rhétorique par laquelle un orateur interpelle une personne.

559.
Traduisez cette parole de César : « Alea jacta est ! »

560.
Quel est le féminin de pantois ?

561.
Qu'est-ce qu'un « post-scriptum » ?

562.
Faut-il dire les otages ont « recouvré » ou « retrouvé » la liberté ?

563.
En 5 lettres, autrefois.

564.
Trouvez un adjectif dérivé de « fraude ».

565.
Quelle locution latine signifie « que la lumière soit ! » ?

REPONSES

550. Intrigue

551. Échauffourée

552. Geisha

553. Un éminent professeur

554. Tomahawk

555. Omega

556. Virevolter

557. Frapper

558. Apostrophe

559. Le sort en est jeté

560. Pantoise

561. Ce qu'on écrit après la signature dans une lettre

562. Recouvré

563. Jadis

564. Frauduleux, fraudeur

565. Fiat lux !

566.
En 6 lettres, à la fois fleur et idée.

567.
En 13 lettres, réflexion qui précède l'exécution d'un acte délictueux.

568.
En 6 lettres, petite quantité, en argot.

569.
En 10 lettres, conserve de choux fermentés dans de la saumure aromatisée de baies de genièvre.

570.
En 5 lettres, servent à écrire de la musique et à évaluer la qualité d'un travail.

571.
Quelle locution latine signifie « à jamais », « pour toujours » ?

572.
En 9 lettres, présente les caractères d'un dilemme (et vient du nom d'un dramaturge français).

573.
En 7 lettres, vulgaire, grossier, banal et sans intérêt.

574.
En 6 lettres, enfantin.

575.
Quel adjectif désigne ce qui se trouve à l'Est ?

576.
Quel est le contraire d'artificiel ?

577.
Quel est le contraire de subjectif ?

578.
En 12 lettres, maintenant.

579.
En 9 lettres, qui ne cesse de mentir et d'inventer des histoires.

580.
Quel adjectif signifie « qui n'a pas assez de volonté pour passer à l'action » ?

581.
Que signifie le mot grec « helios » ?

582.
En 10 lettres, récit d'une vie.

REPONSES

566. Pensée

567. Préméditation

568. Chouia

569. Choucroute

570. Notes

571. Ad vitam aeternam

572. Cornélien

573. Trivial

574. Puéril

575. Oriental

576. Naturel

577. Objectif

578. Présentement

579. Mythomane

580. Velléitaire

581. Soleil

582. Biographie

583.
En 13 lettres et en langage familier, étonnant, extraordinaire.

584.
Quel est le sens du suffixe « phore » (exemple : amphore) ?

585.
Quel adjectif est tiré du nom d'un législateur grec auteur de lois rigoureuses ?

586.
En 6 lettres, bandit des mers.

587.
Quel adjectif vient du latin « herba sardonia », sorte de renoncule qui provoque le rictus ?

588.
En 9 lettres, qualifie une histoire qu'il est difficile de raconter décemment.

589.
En 8 lettres, formule par laquelle un auteur fait hommage de son livre à quelqu'un.

590.
En 10 lettres, stupéfier.

591.
Trouver trois synonymes de « séduire ».

592.
Quel est le contraire d'amitié ?

593.
En 8 lettres, grand prestige d'une personnalité exceptionnelle.

594.
En 9 lettres, employé à tort pour « prendre contact avec quelqu'un ».

595.
En 11 lettres, homme qui considère sa virilité comme une supériorité sur la femme.

596.
En 6 lettres, tremblement de terre.

597.
En 7 lettres, sentiment amoureux violent.

REPONSES

583. Époustouflant

584. Qui porte

585. Draconien (de Dracon)

586. Pirate

587. Sardonique

588. Scabreuse

589. Dédicace

590. Abasourdir

591. Attirer, captiver, enchanter, fasciner, envoûter, ravir, subjuguer, plaire, conquérir

592. Inimitié

593. Charisme

594. Contacter

595. Phallocrate

596. Séisme

597. Passion

598.
En 9 lettres, se dit familièrement d'une femme maniérée.

599.
En 8 lettres, mot contraire à un autre (exemple : guerre et paix).

600.
En 8 lettres, nom d'une revue mais aussi d'une émission.

601.
En 10 lettres, révérences ou politesses exagérées.

602.
En 6 lettres, petite embarcation servant souvent d'habitation en Extrême-Orient.

603.
Comment appelle-t-on un guerrier japonais de la société féodale ?

604.
Quel adjectif vient du mot « fétiche » ?

605.
En 7 lettres, qui évoque des images de mort.

606.
En 4 lettres, récit mythique ou légendaire.

607.
Trouvez 2 des 3 adjectifs tirés du verbe « attirer ».

608.
Quel adverbe correspond au mot « chair » ?

609.
En 6 lettres, amour tendre et naïf.

610.
En 9 lettres, effronterie ou hardiesse excessive.

611.
Quel est le sens du mot grec « thalassa » ?

612.
Quel est le sens du mot « cénobite » dans ces vers de Baudelaire :
« Mon âme est un tombeau, que mauvais cénobite,
Depuis l'éternité je parcours et j'habite » ?

613.
Quel nom est dérivé du verbe « affliger » qui signifie « causer de la douleur » ?

REPONSES

598. Chochotte

599. Antonyme

600. Magazine

601. Salamalecs

602. Sampan

603. Samouraï

604. Fétichiste

605. Macabre, funèbre ou lugubre

606. Saga

607. Attirant, attractif, attirable

608. Charnellement

609. Idylle

610. Insolence

611. Mer

612. Moine

613. Affliction

614.
En 9 lettres, surnom, donné le plus souvent par dérision.

615.
Trouvez 6 mots avec la finale « cide » qui implique l'idée de tuer (exemple : homicide).

616.
Quel est le contraire de belliqueux ?

617.
Quelle est la couleur de l'indigo ?

618.
En 8 lettres, se dit de quelqu'un qui mène une vie désordonnée.

619.
En 9 lettres, peinture transparente, à l'eau, sur papier blanc.

620.
En 9 lettres, qui peut passer pour vrai.

621.
Quel mot anglais est plus usité que son synonyme français « présonorisation » ?

622.
Quel est le sens de la racine grecque « theo » ?

623.
Quel était le nom de la déesse grecque de la beauté et de l'amour ?

624.
En 10 lettres, mot emprunté à la langue anglaise (exemple : golf).

625.
Quel est le sens du préfixe « di » ?

626.
En 10 lettres, faute grave sur la forme ou le sens d'un mot.

627.
Mettez au féminin : empereur et tsar.

628.
Corrigez : Ce poème se compose de quatre paragraphes.

REPONSES

614. Sobriquet

615. Fratricide, parricide, génocide, régicide, infanticide, insecticide, déicide, suicide

616. Pacifique

617. Le bleu

618. Patachon

619. Aquarelle

620. Plausible

621. Play-back

622. Dieu

623. Aphrodite

624. Anglicisme

625. Deux

626. Barbarisme

627. Impératrice et tsarine

628. Ce poème se compose de quatre strophes

629.
Quel adjectif signifie « opposé à l'influence du clergé dans la vie publique » ?

630.
Quel adjectif signifie « qui veut bien se dévouer », du latin « volo » je veux ?

631.
En 7 lettres, nénuphar blanc peint par Monet.

632.
En 9 lettres, ouvrage écrit à la main.

633.
Que signifie la racine grecque « demo » (exemple : démocratie, épidémie) ?

634.
Quel est le contraire de relatif ?

635.
En 11 lettres, affirmation d'une évidence niaise.

636.
Quel est le contraire d'altruiste ?

637.
Quel est le synonyme de l'adjectif « japonais » ?

638.
En 7 lettres, breuvage magique, propre à inspirer l'amour.

639.
Quel mot signifie « avant-avant dernier » ?

640.
Quel est le contraire de colossal ?

641.
Quel est le féminin d'un dieu ?

642.
Quel adverbe signifie « sans prudence » ?

643.
Trouvez 5 noms de la famille de « cinéma ».

644.
Quel adjectif est dérivé d'exemple ?

645.
Comment appelle-t-on quelqu'un qui n'a pas de nationalité légale ?

REPONSES

629. Anticlérical

630. Bénévole

631. Nymphéa

632. Manuscrit

633. Peuple

634. Absolu

635. Lapalissade

636. Égoïste

637. Nippon

638. Philtre

639. Antépénultième

640. Minuscule ou petit

641. Une déesse

642. Imprudemment

643. Cinéaste, cinéphile, cinémascope, cinémathèque, ciné-club, ciné, cinématographe, cinématographique, cinérama, cinéroman

644. Exemplaire

645. Un apatride

646.
Trouvez un adverbe et un adjectif dérivés de volupté.

647.
Que signifie le mot « sérail » dans ce vers de Racine : « Nourri dans le sérail, j'en connais les détours » ?

648.
Quel adjectif vient d'Hermès, le messager des dieux ?

649.
Comment appelle-t-on le faux nom sous lequel un écrivain dissimule son identité véritable ?

650.
Comment appelle-t-on quelqu'un qui nie l'existence de toute divinité ?

651.
Quel adverbe correspond à « traître » ?

652.
Quel est le sens du suffixe « game » ? (exemple : polygame).

653.
Comment appelle-t-on des mauvais traitements corporels exercés sur quelqu'un ?

654.
Quel est le contraire de sympathique ?

655.
Qu'est-ce qu'un polyglotte ?

656.
Quel est le contraire de sublime ?

657.
Quel est le sens du préfixe « homo » ?

658.
Comment appelle-t-on l'art d'écrire correctement les mots d'une langue ?

659.
Comment appelle-t-on quelqu'un qui s'adonne à un travail en amateur pour son seul plaisir ?

660.
Quels sont les deux adjectifs dérivés de « cauchemar » ?

661.
Comment appelle-t-on une personne qui s'est instruite elle-même ?

REPONSES

646. Voluptueusement et voluptueux

647. Palais ou harem (du sultan)

648. Hermétique

649. Un pseudonyme

650. Un athée

651. Traîtreusement

652. Mariage

653. Des sévices

654. Antipathique

655. Quelqu'un qui connaît plusieurs langues

656. Bas, vil ou vulgaire

657. Le même que, semblable à

658. L'orthographe

659. Un dilettante

660. Cauchemardesque et cauchemardeux

661. Un autodidacte

662.
Comment s'appelle le récit de la vie d'une personne écrit par elle-même ?

663.
Combien y a-t-il d'hémistiches dans ce vers de Racine : « Le jour n'est pas plus pur que le fond de mon cœur » ?

664.
Quel est le contraire du préfixe d'origine grecque « macro » ?

665.
Quel est le sens du préfixe d'origine grecque « poly » ?

666.
Quel mot a été inventé par Aimé Césaire pour qualifier l'ensemble des valeurs de la race noire ?

667.
Comment appelle-t-on la moitié d'un vers, notamment d'un alexandrin (exemple : « J'en passe et des meilleurs » dans *Hernani*) ?

668.
Comment appelle-t-on quelqu'un qui travaille dans la publicité : « un publiciste » ou « un publicitaire » ?

669.
Sur une lettre faut-il écrire « A l'attention de » ou « A l'intention de » ?

670.
Quel est le sens de l'adjectif obsolète ?

671.
Quel est le contraire d'empirique ?

672.
Qu'est-ce qu'un alexandrin ?

673.
Quel est le sens du préfixe latin « trans » (exemple : transsibérien) ?

674.
Quel nom est dérivé du verbe « surseoir » ?

675.
Quel est le contraire de sarcastique ?

676.
Faut-il dire : Le retour de l'enfant « prodige » ou « prodigue » ?

REPONSES

662. Une autobiographie

663. Deux

664. Micro

665. Nombreux

666. La négritude

667. Un hémistiche

668. Un publicitaire

669. « A l'attention de »

670. Sorti de l'usage

671. Méthodique, scientifique, systématique, rationnel

672. Un vers de douze syllabes

673. Au-delà, à travers

674. Sursis

675. Bienveillant

676. Prodigue (qui dilapide ses biens)

677.
Quel est le contraire de misanthrope ?

678.
Comment appelle-t-on la dispersion du peuple juif ?

679.
Madame Récamier était l'égérie de Chateaubriand. Qu'est-ce qu'une égérie ?

680.
Quel nom donne-t-on à une personne riche et généreuse qui aide les artistes ?

681.
Quel est le féminin de malin et de bénin ?

682.
Comment appelle-t-on le procédé qui consiste à dire peu pour exprimer beaucoup (exemple : « Va, je ne te hais point ») ?

683.
Comment appelle-t-on une œuvre publiée après la mort de son auteur (exemple : *Les Mémoires d'Outre-tombe* de Chateaubriand) ?

684.
Comment appelle-t-on quelqu'un qui méprise les femmes ?

685.
Quels sont les féminins d'empereur, esquimau et étalon ?

686.
Quel adjectif signifiant « à la mode » a fait son apparition dans le Petit Larousse en 1987 ?

687.
En 6 lettres, simple d'esprit.

688.
Quel est le sens du mot grec « phobos » (exemple : claustrophobie) ?

689.
Faites un nom avec le nom latin « nox » (nuit) et le verbe « ambulare » (marcher).

690.
Quelle interjection exprime le regret ?

691.
En 6 lettres, qui est la proie d'une idée fixe.

REPONSES

677. Philanthrope

678. La diaspora

679. Une inspiratrice

680. Un mécène

681. Maligne et bénigne

682. Une litote

683. Une œuvre posthume

684. Un misogyne

685. Impératrice, esquimaude et jument

686. Branché

687. Crétin

688. Peur, crainte

689. Noctambule

690. Hélas !

691. Obsédé

692.
Trouvez 3 synonymes de « outrecuidant ».

693.
Quels sont les deux noms qui expriment la qualité de ce qui est intact, et la qualité de ce qui est au complet ?

694.
En 6 lettres et en langage familier, qui n'a pas d'argent.

695.
En 4 lettres, sage en sanscrit.

696.
Trouvez trois noms de la famille de « gauche ».

697.
En 7 lettres, nom donné à un chef d'orchestre célèbre.

698.
En 2 ou 3 mots, verbiage.

699.
Faut-il dire « un » ou « une » interview ?

700.
Quel adjectif est dérivé de « fantôme » ?

701.
Que signifie le mot grec « iatros » que l'on retrouve dans « psychiatre » ?

702.
Quel est le pluriel d'un chantier naval ?

703.
Quel est l'antonyme de l'aurore ?

704.
Comment appelle-t-on une personne sur laquelle on fait retomber tous les torts ?

705.
Comment appelle-t-on un article exprimant les opinions de la direction d'un journal ?

706.
Quel est le contraire du vice ?

REPONSES

692. Fat, orgueilleux, présomptueux, audacieux, effronté, impertinent

693. Intact : intégrité ; complet : intégralité

694. Fauché

695. Baba

696. Gaucherie, gauchiste, gauchisme, gaucher(ère), gauchissement

697. Maestro

698. Bla-bla ou bla-bla-bla

699. Une interview

700. Fantomatique

701. Médecin

702. Des chantiers navals

703. Le crépuscule

704. Un bouc émissaire

705. Un éditorial

706. La vertu

707.
En deux mots et en Afrique, amulette destinée à éloigner le mauvais sort.

708.
Quel est le sens de l'expression « se mettre martel en tête » ?

709.
Quel est le sens de l'expression « faire la une » ?

710.
Quel est le contraire d'outrecuidant ?

711.
Parmi ces noms, lequel est féminin : chaperon, gouape ou mannequin ?

712.
Quel est le contraire d'opportun ?

713.
Parmi ces noms, lequel est masculin : baderne, recrue ou caïd ?

714.
En 9 lettres, plaintes.

715.
Quel animal porte un nom qui signifie en grec « cheval du fleuve » ?

716.
En 6 lettres et en allemand, se dit d'une œuvre d'art d'un mauvais goût provocant.

717.
Quel mot russe ayant la même racine que l'anglais « water » désigne une eau-de-vie ?

718.
Quel est le sens du mot « favella » dans cette phrase de *Tristes tropiques* : « Les miséreux vivaient dans des favella » ?

719.
Qu'est-ce qu'un Malgache ?

720.
Comment appelle-t-on quelqu'un qui se drogue à la cocaïne comme Sherlock Holmes ?

721.
Quelle interjection marque un sentiment de crainte ou de froid ?

REPONSES

707. Gri-gri

708. Se faire du souci

709. Être en première page du journal

710. Réservé ou modeste

711. Gouape

712. Inopportun (ou intempestif, déplacé, fâcheux)

713. Caïd

714. Doléances

715. L'hippopotame

716. Kitsch

717. Vodka

718. Bidonvilles

719. Un habitant de Madagascar

720. Un cocaïnomane

721. Brrr !

722.
En 8 lettres, intellectuel titré et influent.

723.
En 7 lettres, cavalier de l'armée russe brutal et sauvage.

724.
En 5 lettres, religieux bouddhiste.

725.
Quel mot chinois désigne « un grand journal mural écrit à la main » ?

726.
En 4 lettres, créole guadeloupéen ou martiniquais dont les ascendants étaient blancs.

727.
En 6 lettres, scénario de film découpé en scènes et accompagné des dialogues.

728.
Au théâtre, quel nom donne-t-on aux personnes payées pour applaudir ?

729.
Par quoi peut-on remplacer « châtié » dans : « Qui te rend si hardi de troubler mon breuvage ? Tu seras châtié de ta témérité » ?

730.
Quel est le contraire d'opiniâtre ?

731.
Quelle est la traduction du grec « sôma » (exemple : psychosomatique) ?

732.
Quel est le sens du mot grec « kardia » (exemple : cardiaque) ?

733.
Quel est le sens du préfixe grec « tetra » (exemple : la tétralogie de Wagner) ?

734.
Quel est le sens de « marron » dans l'expression « un esclave marron » ?

735.
Quel est le sens de l'adjectif « altier » dans ce vers de Chimène : « Don Diègue est trop altier et je connais mon père » ?

REPONSES

722. Mandarin

723. Cosaque

724. Bonze

725. Dazibao

726. Béké

727. Script

728. La « claque »

729. Puni

730. Faible, versatile

731. Corps

732. Cœur

733. Quatre (quatre opéras)

734. Qui s'est enfui pour vivre en liberté

735. Fier, orgueilleux, hautain

736.
En 10 lettres, très attaché aux formes.

737.
En 9 lettres, qu'on ne peut dire.

738.
En 7 lettres, gouverneur d'une province dans la Perse antique ; aujourd'hui personnage qui mène une vie fastueuse.

739.
En 7 lettres, compagnon habituel ou complice.

740.
Quel est le contraire de secret ?

741.
Quel est le contraire d'absoudre ?

742.
Quel est le sens du préfixe d'origine grecque « agro » (exemple : agronome) ?

743.
Que signifie l'expression « grosso modo » ?

744.
En 5 lettres, personne très avare comme Harpagon.

745.
En 8 lettres, regret d'une faute.

746.
Quel est le sens du préfixe « xéno » (exemple : xénophobe) ?

747.
Faut-il dire « un » ou « une » hémisphère ?

748.
Quel est le nom du quatrième doigt de la main ?

749.
En 8 lettres, personne qui mène une vie molle et voluptueuse (comme les habitants de Sybaris, dans l'Italie ancienne).

750.
En 6 lettres, tromper ou voler quelqu'un.

751.
En 6 lettres, personne de race blanche née dans les colonies et à qui Baudelaire dédia un poème.

752.
Quel adjectif vient de Narcisse, personnage légendaire épris de sa propre image ?

REPONSES

736. Formaliste

737. Indicible

738. Satrape

739. Acolyte

740. Apparent, public, visible, ouvert

741. Condamner

742. Champ

743. A peu près, en gros

744. Ladre

745. Repentir

746. Étranger

747. Un hémisphère

748. L'annulaire

749. Sybarite

750. Gruger

751. Créole

752. Narcissique

753.
En 8 lettres, société de gens de lettres, de savants et d'artistes.

754.
Quel nom est dérivé du mot « magie » ?

755.
Donnez deux synonymes du mot « pusillanime ».

756.
Quelle expression latine, devise du film *Le Cercle des Poètes disparus*, invite à jouir de l'instant présent ?

757.
En 7 lettres, représentation d'une idée abstraite à l'aide d'une image.

758.
En 7 lettres, roseau des bords du Nil que les Égyptiens utilisaient pour écrire.

759.
En 7 lettres, récit de voyage particulièrement mouvementé, comme celui d'Ulysse.

760.
Comment appelle-t-on une période de 1 000 ans ?

761.
En 6 lettres, récit poétique d'aventures héroïques comme *La Chanson de Roland*.

762.
Trouvez deux mots de la famille de « célèbre ».

763.
Quel est le contraire de superficiel ?

764.
En 13 lettres, se dit d'aventures invraisemblables et extraordinaires.

765.
En 10 lettres, au sens littéral, qui inspire une grande crainte.

766.
Faut-il dire « aéroport » ou « aréoport » ?

767.
Quel adjectif vient du mot « lion » ?

768.
Comment appelle-t-on celui qui dispose les décors sur la scène d'un théâtre ?

REPONSES

753. Académie

754. Magicien ou magicienne

755. Peureux, lâche, craintif, timoré

756. Carpe diem

757. Symbole

758. Papyrus

759. Odyssée

760. Un millénaire

761. Épopée

762. Célébrer, célébration, célébrité

763. Profond

764. Rocambolesque

765. Formidable

766. Aéroport

767. Léonin

768. Le machiniste

769.
En 6 lettres, terme trivial pour désigner une personne ou un objet dont on ne se rappelle pas le nom.

770.
Quel est le contraire de futile ?

771.
Quel est le sens du préfixe « psycho » (exemple : psychiatre) ?

772.
En 6 lettres, mot anglais utilisé par Baudelaire pour exprimer son dégoût de la vie.

773.
En 7 lettres, géant n'ayant qu'un œil au milieu du front.

774.
Quel est le contraire du préfixe grec « anti » ?

775.
Quel est le contraire du suffixe grec « phile » ?

776.
En 8 lettres, guerre d'embuscade.

777.
En 5 lettres, guitare ronde.

778.
En 5 lettres, expression de la pensée par les mots.

779.
Quel est le sens du suffixe « vore » ?

780.
Complétez ce proverbe : « L'enfer est pavé de bonnes...

781.
En trois mots, personne qui rend les autres joyeux.

782.
En 9 lettres, soucieux d'être utile à autrui.

783.
En 7 lettres, personnes qui s'attroupent autour d'un incident dans la rue.

784.
Quel adjectif vient du verbe « se taire » ?

785.
En 5 lettres, tentative, ou court écrit.

REPONSES

769. Machin

770. Grave, important, sérieux

771. Ame

772. Spleen

773. Cyclope

774. Pro

775. Phobe

776. Guerilla

777. Banjo

778. Verbe

779. Qui se nourrit de...

780. ... intentions »

781. Boute-en-train

782. Altruiste

783. Badauds

784. Taciturne ou tacite

785. Essai

786.
En 9 lettres, vexation humiliante.

787.
En 7 lettres, terme utilisé par Racine pour désigner des dangers.

788.
En 7 lettres, projet.

789.
En 9 lettres et en langage familier, raconter des boniments.

790.
En 9 lettres, ruse basse et odieuse.

791.
En 7 lettres, mari cocu selon Molière dans *L'École des femmes.*

792.
En 7 lettres, idée fixe, manie.

793.
En 8 lettres, projet séduisant mais irréalisable, utopie.

794.
En 6 lettres, aversion, peur instinctive.

795.
En 13 lettres, désigne familièrement celui qui est employé aux écritures.

796.
En 7 lettres, terme utilisé par Racine pour « destinée ».

797.
En 6 lettres, complice des mauvais desseins de quelqu'un.

798.
En 7 lettres, qui concerne les principes de la morale.

799.
En 8 lettres, court récit ou fait inédit.

800.
Qu'est-ce qu'un charivari ?

801.
En 6 lettres, homme méprisable et impertinent.

REPONSES

786. Camouflet

787. Alarmes

788. Dessein

789. Baratiner

790. Fourberie

791. Cornard !

792. Marotte

793. Chimères

794. Phobie

795. Scribouillard

796. Fortune

797. Suppôt

798. Éthique

799. Nouvelle

800. Un bruit très fort et discordant

801. Faquin

802.
En 6 lettres, cri de la poule qui va pondre ou bavardage importun.

803.
En 13 lettres, propos extravagant.

804.
En 9 lettres, jeu de mots.

805.
Que signifie l'expression « en catimini » ?

806.
En 8 lettres, femme aimée de Don Quichotte.

807.
En 9 lettres et en langage familier, âne ou personne stupide.

808.
En 8 lettres, raillerie et ironie.

809.
En 10 lettres, pédagogique.

810.
En 9 lettres, d'un comique extravagant.

811.
En 8 lettres, en langage populaire, voler ou tromper.

812.
En 7 lettres, appareil pour distiller présent dans les romans de Zola.

813.
En 10 lettres, tout-puissant.

814.
En 12 lettres, ouvrage qui expose les principes et les résultats de toutes les sciences humaines.

815.
En 6 lettres, devinette.

816.
En 12 lettres, exaltation joyeuse, ardeur.

817.
En 7 lettres, homme castré.

818.
En 5 lettres, à la fois feuillet et numéro de chaque page d'un livre.

REPONSES

802. Caquet

803. Calembredaine

804. Calembour

805. En cachette, discrètement

806. Dulcinée

807. Bourrique

808. Sarcasme

809. Didactique

810. Burlesque

811. Truander

812. Alambic

813. Omnipotent

814. Encyclopédie

815. Énigme

816. Enthousiasme

817. Eunuque

818. Folio

819.
Quel est le féminin d'académicien ?

820.
Quel nom donne-t-on à la manie qui pousse certaines personnes à voler ?

821.
En 6 lettres, qui est sans limites.

822.
Quel nom vient du dieu Pan qui effrayait les gens par ses apparitions subites ?

823.
Corrigez cette phrase de Proust : « Vous êtes peut-être la seule qui avez reçu mes livres à leur parution ».

824.
Comment appelle-t-on un habitant de l'Inde ?

825.
Quel est le contraire de sévère ?

826.
Que signifie, en argot, le mot assommoir, qui a donné son nom au roman de Zola ?

827.
Un poncif est-il un cliché ou un haut personnage de l'église ?

828.
Quel est l'antonyme de polygame ?

829.
Quel est le contraire de sensé (qui a du bon sens) ?

830.
Comment appelle-t-on l'expression d'une idée par une image (exemple : la justice représentée par une femme tenant une balance) ?

831.
Comment appelle-t-on quelqu'un qui mange de la chair humaine ?

832.
Corrigez : un faux prétexte.

833.
Quel est le contraire d'absolu ?

REPONSES

819. Académicienne

820. La kleptomanie

821. Infini

822. Panique

823. Vous êtes peut-être la seule qui avez reçu mes livres à leur publication

824. Un Indien (et non un Hindou)

825. Indulgent

826. Bistrot

827. Un cliché

828. Monogame

829. Insensé

830. Une allégorie

831. Un anthropophage

832. Un prétexte (faux prétexte est un pléonasme)

833. Relatif

834.
Quel adjectif signifie « relatif au noyau de l'atome » ?

835.
Quel est le jour de Mercure ?

836.
Trouvez trois synonymes de « pudique ».

837.
Qu'est-ce qu'un quatrain ?

838.
Quel est l'antonyme de néant ?

839.
Que signifie l'adjectif onirique ?

840.
Comment appelle-t-on une expression atténuée employée à la place d'une expression plus exacte mais plus brutale (exemple : elle n'est plus toute jeune) ?

841.
Quel est le sens du préfixe d'origine grecque « biblio » ?

842.
Faut-il dire « un » ou « une » apostrophe ?

843.
Comment appelle-t-on la répétition d'une même sonorité consonantique dans un vers (exemple : « Pour qui sont ces serpents qui sifflent sur vos têtes ») ?

844.
Quel poison Socrate fut-il condamné à boire ?

845.
Faut-il dire un embarras « pécunier » ou « pécuniaire » ?

846.
Quel est le contraire de satanique ?

847.
Trouvez deux mots dérivés de Eros, dieu de l'amour.

848.
Trouvez un synonyme de « luxure ».

849.
Faut-il dire « un » ou « une » autoroute ?

REPONSES

834. Nucléaire

835. Mercredi

836. Prude, chaste, réservé, puritain, pudibond, discret, délicat, décent

837. Une strophe de quatre vers

838. Être ou existence

839. Relatif au rêve

840. Un euphémisme

841. Livre

842. Une apostrophe

843. Une allitération

844. La ciguë

845. Pécuniaire

846. Divin, angélique

847. Érotique, érotisme, érotiser, érotiquement, érotisation

848. Débauche, lubricité, impureté, lascivité, paillardise

849. Une autoroute

850.
Quel est le contraire d'imberbe ?

851.
Comment appelle-t-on au XIXe siècle un homme qui se pique d'une suprême élégance dans sa tenue et ses manières ?

852.
Trouvez trois mots de la famille de « ombre ».

853.
En 7 lettres, étrange, « qui s'écarte de l'usage commun ».

854.
Quel est le sens du préfixe « zoo » ?

855.
Trouvez trois verbes de la famille de « paraître ».

856.
Comment appelle-t-on un spécialiste de la Chine ?

857.
Quel mot d'origine grecque signifie « règle de vie que l'on s'impose » ?

858.
Comment appelle-t-on un mot qui a la même prononciation qu'un autre mais un sens différent (exemple : le col et la colle) ?

859.
Rangez suivant un ordre croissant : typhon, brise, bourrasque et ouragan.

860.
Comment appelle-t-on une faute machinale commise par inadvertance en parlant ?

861.
Faut-il dire Madame « le » ou « la » ministre ?

862.
Que veut dire « alunir » ?

863.
Quel est le contraire de maléfique ?

864.
Quel est le sens du préfixe « géo » (exemple : géographie) ?

REPONSES

850. Barbu

851. Un dandy

852. Ombrage, ombragé, ombrageux, ombreux, ombrelle, ombrer, pénombre

853. Bizarre

854. Animal

855. Reparaître, disparaître, comparaître, apparaître, transparaître, réapparaître

856. Un sinologue

857. Éthique

858. Un homonyme

859. Brise, bourrasque, ouragan, typhon

860. Un lapsus

861. Madame le ministre

862. Se poser sur la lune

863. Bénéfique, bienfaisant

864. La terre

865.
Quel est l'adjectif dérivé de cerveau ?

866.
Comment appelle-t-on le plaisir de voir souffrir les autres ?

867.
Quel est le sens du préfixe « péri » (périphérique) ?

868.
En 7 lettres, « attitude d'esprit qui amène à un laisser-aller général ».

869.
Quel est le sens du suffixe d'origine grecque « phile » ?

870.
Quel adjectif est dérivé du mot « esprit » ?

871.
Trouvez trois mots de la famille d'« épouvante ».

872.
Quel est le contraire d'inné ?

873.
Faut-il dire « un » ou « une » apogée ?

874.
En 9 lettres, petit obstacle ou ennui qui arrête.

875.
Quel est le sens de « dramatique » au théâtre ?

876.
En 8 lettres, comparaison allégorique.

877.
Comment appelle-t-on un auteur dramatique ?

878.
Quel terme les grammairiens utilisent-ils pour exprimer l'abréviation d'un mot (exemple : vélo ou ciné) ?

879.
En 8 lettres, mot signifiant « mascarade », employé par le général de Gaulle en mai 1968.

880.
En 7 lettres, bande de linge que les cavaliers croates portaient autour du cou.

REPONSES

865. Cérébral

866. Le sadisme

867. Autour de

868. Laxisme

869. Ami de

870. Spirituel

871. Épouvanter, épouvantail, épouvantable, épouvantablement

872. Acquis

873. Un apogée

874. Anicroche

875. Relatif à l'action (en grec : drama = action)

876. Parabole

877. Un dramaturge

878. Apocope

879. Chienlit

880. Cravate

881.
Faut-il dire « un » ou « une » autographe ?

882.
En 11 lettres, se dit familièrement d'un désordre.

883.
En 9 lettres, mot anglais emprunté au sport et qui a le sens de défi.

884.
Faut-il dire « infarctus » ou « infractus » ?

885.
Comment appelle-t-on quelqu'un qui habite sur une île ?

886.
En 12 lettres, faute dans la chronologie.

887.
Quel est le sens du préfixe grec « pan » (exemple : Panthéon : temple consacré à tous les dieux) ?

888.
En 5 lettres, roman policier.

889.
En 7 lettres, synonyme argotique de « rendez-vous ».

890.
En 6 lettres, petit objet plus ou moins utile.

891.
Quel adjectif correspond à « illusion » ?

892.
En 10 lettres, recueil de morceaux choisis en prose ou en vers.

893.
Écrit-on « aéropage » ou « aréopage » ?

894.
En 4 lettres, femme fatale.

895.
En 12 lettres, secret.

896.
En 7 lettres, détacher la peau du crâne avec un instrument tranchant.

897.
Faut-il dire faire « un » ou « une » esclandre ?

REPONSES

881. Un

882. Cafouillage

883. Challenge

884. Infarctus

885. Un insulaire

886. Anachronisme

887. Tout

888. Polar

889. Rancart

890. Gadget

891. Illusoire

892. Anthologie

893. Aréopage (assemblée savante)

894. Vamp

895. Confidentiel

896. Scalper

897. Un

898.
En 7 lettres, mot signifiant « insensé » souvent utilisé par Camus.

899.
En 5 lettres, individu de mœurs crapuleuses.

900.
En deux mots, tambour africain en bois creux.

901.
En 3 lettres, situation ou mot comique.

902.
En 4 lettres, répétition du même son à la fin de plusieurs vers.

903.
Qu'est-ce qu'une pinacothèque ?

904.
Comment s'appelle une strophe de trois vers ?

905.
En 5 lettres, excès, débauche.

906.
En 10 lettres, ruse de guerre pour tromper l'ennemi.

907.
Quel jour de la semaine est « le jour de la lune » ?

908.
En 6 lettres, point culminant.

909.
Comment appelle-t-on un mot nouveau, apparu récemment ?

910.
Quelle interjection exprime le soulagement ?

911.
Comment appelle-t-on la science qui étudie l'origine des mots ?

912.
En 6 lettres, puissant capitaliste de l'industrie ou de la finance.

913.
En 10 lettres, humeur sombre (du grec « mélan » noir).

914.
Corrigez : Cette information s'est avérée inexacte.

REPONSES

898. Absurde

899. Voyou

900. Tam-tam

901. Gag

902. Rime

903. Un musée de peinture

904. Un tercet

905. Orgie

906. Stratagème

907. Le lundi

908. Zénith

909. Néologisme

910. Ouf !

911. Étymologie

912. Magnat

913. Mélancolie

914. … révélée inexacte

915.
Quel est le contraire de lyrique ?

916.
Quel adjectif vient de « poète » ?

917.
Quelle interjection marque la réprobation ?

918.
En 11 lettres, ne sait ni lire ni écrire.

919.
Quel est le sens du préfixe « retro » ?

920.
En 9 lettres, personne qui fait des sucreries.

921.
Quel préfixe latin signifie « après » ?

922.
Trouvez trois synonymes de « cruel ».

923.
Effluve, omoplate et orbite sont-ils masculins ou féminins ?

924.
En 6 lettres, mot familier signifiant désordre ou tumulte.

925.
Quel est le contraire d'estival ?

926.
Quel est le contraire de concret ?

927.
Quel est le contraire de pusillanime ?

928.
Que signifie l'adjectif « mnémonique » dans « L'ivrognerie d'Edgar Poe était un moyen mnémonique ! » ?

929.
Quel est le sens du préfixe « télé » (exemple : télévision) ?

930.
Trouvez deux noms de la famille de « amour ».

REPONSES

915. Prosaïque

916. Poétique

917. Hou !

918. Analphabète

919. En arrière

920. Confiseur

921. Post (exemple : postérieur)

922. Barbare, féroce, inhumain, sauvage, atroce, sadique, implacable, inexorable, brutal

923. Effluve : masculin ; omoplate et orbite : féminins

924. Chahut

925. Hivernal

926. Abstrait

927. Audacieux ou courageux

928. Qui aide la mémoire

929. Loin

930. Amoureux(euse), amourette, amour-propre

931.
Trouvez 5 mots de la famille de « accès ».

932.
Quelle expression latine signifie que les lois sont incontournables ?

933.
Quel est le contraire de savoureux ?

934.
En 2 mots et en anglais, action de se déshabiller progressivement.

935.
Quel est le contraire de fortuit ?

936.
En 6 lettres, monnaie russe, centième du rouble.

937.
En 5 lettres, modeste offrande.

938.
Quel est le contraire de sensuel ?

939.
En 8 lettres, à la fois dépérir et conjuguer.

940.
En 6 lettres, incident malheureux.

941.
En 9 lettres, relatif à la vie des bergers ou à la poésie pastorale.

942.
En 3 lettres, belle-fille.

943.
Quel proverbe italien est l'équivalent de ce vers de Racine : « Qui veut voyager loin ménage sa monture » ?

944.
Quelle locution latine signifie « la loi est dure, mais c'est la loi » ?

945.
Quelle expression latine signifie : « Les paroles s'envolent, les écrits restent » ?

946.
En 10 lettres, discours embrouillé et confus.

REPONSES

931. Accéder, accessibilité, accession, accessible, inaccessible

932. Dura lex, sed lex

933. Insipide

934. Strip-tease

935. Nécessaire, obligatoire

936. Kopeck

937. Obole

938. Frigide, froid

939. Décliner

940. Accroc

941. Bucolique

942. Bru

943. Chi va piano, va sano

944. Dura lex, sed lex

945. Verba volant, scripta manent

946. Galimatias

947.
En 8 lettres, écrit satirique et violent, le plus souvent inspiré par l'actualité.

948.
En 12 lettres, recueil de mots.

949.
En 10 lettres, caractérisé par l'appât du gain.

950.
En 9 lettres, prédiction d'un événement futur.

951.
Quels adjectifs correspondent à « vérité » et à « véracité » ?

952.
Quel nom est dérivé du verbe « pressentir » ?

953.
Quel est le sens du préfixe « hypno » (exemple : hypnose) ?

954.
Quel est le sens du suffixe « phone » (exemple : téléphone) ?

955.
En 11 lettres, délire des grandeurs.

956.
Quel point commun y a-t-il entre façade, façon, aperçu et leçon ?

957.
En 6 lettres, femme hargneuse, acariâtre et méchante.

958.
Comment se nomment les habitants de l'Arabie Saoudite ?

959.
Faut-il dire « clôturer un débat » ou « clore un débat » ?

960.
Quel est le superlatif de « bon » ?

961.
En 6 lettres, paysan russe sous le régime tsariste.

962.
En 9 lettres, bavardage indiscret.

REPONSES

947. Pamphlet

948. Dictionnaire

949. Mercantile

950. Prophétie

951. Vrai ou véritable et véridique

952. Pressentiment

953. Sommeil

954. Voix

955. Mégalomanie

956. Une cédille sous le « c »

957. Mégère

958. Les Saoudiens

959. Clore

960. Le meilleur

961. Moujik

962. Commérage

963.
Quel adjectif est dérivé de « climat » ?

964.
En 9 lettres, en latin, accord.

965.
Qu'est-ce que la chiromancie ?

966.
Quel est le sens du mot grec « dynamos » ?

967.
Quelqu'un qui n'éprouve aucune peur est-il « impassible » ou « impavide » ?

968.
En 8 lettres, violente critique.

969.
A quel pays Bossuet faisait-il allusion en disant : « Ah ! la perfide Albion » ?

970.
En 6 lettres et en langage familier, éblouissement passager.

971.
En 6 lettres, poème religieux.

972.
En 7 lettres, pipe à long tuyau des Indiens.

973.
En 8 lettres, faire quelque chose très minutieusement.

974.
En 11 lettres, qui contient du pétrole.

975.
En 9 lettres, bâtiment à cinq côtés qui abrite l'état-major de l'armée à Washington.

976.
En 6 lettres, formule publicitaire.

977.
En 7 lettres, journaliste payé à l'article.

978.
Quel est l'antonyme d'envoûtement ?

979.
En 6 lettres, homme qui use de manœuvres frauduleuses.

REPONSES

963. Climatique

964. Consensus

964. La lecture des lignes de la main

966. Force

967. Impavide

968. Diatribe

969. A l'Angleterre

970. Berlue

971. Psaume

972. Calumet

973. Fignoler

974. Pétrolifère

975. Pentagone

976. Slogan

977. Pigiste

978. Exorcisme

979. Escroc

980.
En 8 lettres, qui agace et impatiente.

981.
En 6 lettres, convenable, propre à quelque chose.

982.
En 4 lettres, divisible par deux.

983.
En 11 lettres, fondé sur l'étude des faits.

984.
Quel est le pluriel d'erratum ?

985.
En 9 lettres, droit exclusif pour un auteur d'exploiter une œuvre littéraire.

986.
En 12 lettres, qui constitue un obstacle radical.

987.
En 9 lettres, qui ne croit pas.

988.
En 9 lettres, méprise qui fait prendre une chose pour une autre.

989.
En 8 lettres, qui parle avec abondance et rapidité.

990.
En 6 lettres et en russe, décision autoritaire et arbitraire.

991.
En 8 lettres, être fabuleux moitié homme moitié cheval.

992.
De « voici » et « voilà », lequel désigne l'objet le plus proche ?

993.
En 7 lettres, synonyme d'ingénuité.

994.
En 6 lettres, synonyme de vieux, âgé.

995.
Quel est le contraire de spirituel dans la langue religieuse ?

996.
En 8 lettres, synonyme de courage.

REPONSES

980. Crispant
981. Idoine
982. Pair
983. Pragmatique
984. Errata
985. Copyright
986. Rédhibitoire
987. Incrédule
988. Quiproquo
989. Volubile
990. Oukase
991. Centaure
992. Voici
993. Naïveté
994. Sénile
995. Temporel
996. Bravoure

997.
Complétez : « Qui ne dit mot…

998.
En 6 lettres, extrêmement laid.

999.
En 8 lettres, synonyme d'inadéquat.

1000.
Corrigez : Mettre la charrue après les bœufs.

REPONSES

997. … consent »

998. Hideux

999. Impropre

1000. … avant !

VOS NOTES PERSONNELLES

VOS NOTES PERSONNELLES

VOS NOTES PERSONNELLES

DANS LA MÊME SÉRIE

- 1 000 questions sur les écrivains (MS 1534).
- 1 000 questions sur les œuvres (MS 1535).
- 1 000 citations à retrouver (MS 1533).
- 1 000 questions de philo (MS 1531).
- 1 000 questions d'anglais (MS 1530).
- 1 000 questions de géographie (MS 1536).
- 1 000 questions d'histoire (MS 1537).

Au catalogue Marabout

Formation Parascolaire

Parascolaire/Formation permanente

Guide de grammaire, Hamon A. .... MS 0083 [06]
Guide des bons parents d'elèves, Berland J.P. .... MS 0820 [07]
Initiation à la philosophie, Aubral F. .... FL 0019 [07]
Initiation à l'économie, Colonna d'Istria R. .... FL 0002 [07]
Islam (L'), Santoni E. .... FL 0020 [07]
Je teste et j'enrichis mon vocabulaire, Désalmand P. . MS 0104 [09]
Lecture rapide (La), Richaudeau F. .... MS 0102 [07]
Management (Le), Hubel A. [octobre] .... FL 0048 [07]
Méthode superlearning (La), Maier Ch. .... MS 0052 [09]
Musiciens du XIXe siècle (Les), Von der Weid J.N. .... FL 0021 [07]
Mythologie (La), Hamilton E. .... MU 0020 [07]
Mythologies du monde entier (Les), Grigorieff V. .... MU 0470 [09]
Orthographe maîtrisée (L'), Jouette A. .... MS 0070 [07]
Panorama de la littérature française, Masson N. .... MS 0101 [12]
Philo de base, Grigorieff V. .... MS 0056 [07]
Philosophes (Les), Aubral F. .... FL 0018 [07]
Philosophie (La), Chatelet F.
T.1: de Platon à saint Thomas .... MU 0311 [09]
T.2: de Galilée à J.J. Rousseau .... MU 0312 [09]
T.3: de Kant à Husserl .... MU 0313 [09]
T.4: au XXème siècle .... MU 0314 [09]
Poésie française des origines à 1940 (La), Seghers P. . MU 0003 [09]
Pour réussir au collège, Berland J.P. & Carretier B. ..... MS 0095 [09]
Pour réussir au lycée, Berland J.P. .... MS 0094 [09]
Précis de mythologie, Arnaud M. .... FL 0033 [07]
Questions tests de culture générale, Biélande P. .... MS 1481 [09]
Questions tests sur la CEE et les organismes internationaux,
Rousselet M. & Chatagner F. .... MS 1484 [09]
Questions tests sur la géographie générale, Fleury P. . MS 1485 [09]
Questions tests sur la littérature française,
Wright M. [octobre] .... MS 1486 [N]
Questions tests sur l'économie et les finances,
Biélande P. .... MS 1480 [09]
Questions tests sur les grands hommes du XXème siècle,
Biélande P. .... MS 1490 [09]
Questions tests sur l'histoire de France T. 1,
Grigorieff N. .... MS 1482 [09]
Questions tests sur l'histoire de France T. 2,
Grigorieff N. .... MS 1487 [09]
Questions tests sur l'histoire de France T. 3,
Grigorieff N. .... MS 1489 [09]
Questions tests sur l'homme et son evironnement,
Denis B. [octobre] .... MS 1492 [N]
Questions tests sur le cinéma, Lefebvre P. [novembre] . MS 1491 [N]
Questions tests sur les découvertes et les inventions,
Gille Ph. .... MS 1483 [09]
Questions tests sur les Jeux Olympiques d'hiver,
Grigorieff N. [novembre] .... MS 1493 [N]
Règles d'or de la lecture rapide (Les), Gourmelin M.J. . GM 0077 [07]
Religions (Les), Santoni E. .... FL 0001 [07]
Religions du monde entier (Les), Grigorieff V. .... MU 0491 [13]
Romanciers du XXe siècle (Les), Lepape P. .... FL 0013 [07]
Termes philosophiques (Les), Aubral F. .... FL 0017 [07]
25 grands romans français résumés et commentés,
Conio G. .... MS 0100 [12]

Vie professionnelle

Langues

Livre + Cassette "Audio"

15 minutes par jour pour apprendre l'allemand, Van Ceulebrœck N. .... GM 1010 [16]
15 minutes par jour pour apprendre l'anglais, Van Wesenbeeck E. .... GM 1001 [16]
15 minutes par jour pour apprendre l'espagnol, Blasquez M., Giltaire A.-C., Marquant H. .... GM 1040 [16]
15 minutes par jour pour apprendre l'italien, Lebouc G. .... GM 1140 [16]
15 minutes par jour pour apprendre la guitare, Moulou P. [octobre] .... GM 1116 [16]
15 minutes par jour pour apprendre le néerlandais, Visser S. .... GM 1066 [16]
15 minutes par jour pour apprendre le solfège, Arnould M. [octobre] .... GM 1115 [16]
15 minutes par jour pour apprendre les claviers, Mickaelian A. [octobre] .... GM 1117 [16]

Dictionnaires

Dictionnaire anglais/français des affaires, Perin M.M. . FL 0015 [07]
Dictionnaire Collins allemand/français, français/allemand .... MS 0251 [09]
Dictionnaire Collins anglais/français, français/anglais .... MS 0252 [09]
Dictionnaire Collins espagnol/français, français/espagnol .... MS 0253 [09]
Dictionnaire Collins italien/français, français/italien . MS 0254 [09]
Dictionnaire d'orthographe, Bled E. .... MS 0086 [06]
Dictionnaire de l'anglais, Perin M.M. .... FL 0027 [07]
Dictionnaire de la CAO et du graphisme, Bastin N. [octobre] .... MS 0964 [N]
Dictionnaire de la mythologie, Grant M. & Hazel J. ..... MS 0233 [07]
Dictionnaire des citations, Petit K. .... MS 0230 [09]
Dictionnaire des grands événements historiques, Masquet G. .... MS 0234 [07]
Dictionnaire des sigles informatiques, Virga [octobre] . MS 0966 [N]
Dictionnaire des synonymes, Younes G. .... MS 0235 [09]
Dictionnaire des termes de la sociologie, Hermans A. . FL 0046 [07]
Dictionnaire des termes économiques, Ménard M. ...... FL 0024 [07]
Dictionnaire des termes juridiques, Colonna d'Istria P. . FL 0025 [07]
Dictionnaire des termes scientifiques, Von der Weid J.N. .... FL 0026 [07]
Dictionnaire du christianisme, Mathieu-Rosay, J. .... MU 0493 [09]
Dictionnaire étymologique, Mathieu-Rosay J. .... MS 0240 [12]
Dictionnaire pratique de la sexualité, Dr Y. Moigno .... MS 1615 [12]

Collection “Performance”

Analyse transactionnelle (L’), de Lassus R. [octobre] ..	MS 1834 [N]
Art du temps (L’), Servan Schreiber J.L.	MS 1823 [07]
Cadres et dirigeants efficaces, Gordon T.	MS 1831 [09]
Comment chercher et trouver un emploi, Bacus A. & Parra-Perez C.	MS 1829 [07]
Confessions d’un chasseur de têtes (Les), Lamy M. ...	MS 1824 [07]
Créer et développer votre entreprise, Courouble J. ...	MS 1832 [07]
Faites votre auto-évaluation professionnelle, Bacus A. & Romain Ch.	MS 1828 [07]
Marketing direct (Le), Lehnisch J.P. [novembre]	MS 1833 [N]
Mobilisez vos collaborateurs, Delattre R.	MS 1820 [07]
Pour maîtriser les tests de recrutement, Bacus A.	MS 1827 [06]
Réussir ses réunions, Haupeman R.	MS 1830 [07]
Secrets des grands vendeurs (Les), Lehnisch J.P.	MS 1826 [07]
Secrets d’un bon C.V. (Les), Le Bras F.	MS 1825 [06]
Secrets du succès en affaires (Les), Mac Cormack M. [octobre]	MS 1835 [N]
Service compris, Bloch Ph., Hababou R., Xardel D.	MS 1822 [09]
Votre carrière, conseils pour la piloter, Jouve D.	MS 1821 [09]

Histoire

Affiche rouge (L'), Ganier Raymond Ph. .... MU 0456 [07]
Cathares (Les), Nelli R. .... MU 0326 [06]
César, Horst E. .... MU 0468 [12]
Chronologie politique de la Révolution française,
Fauchois Y. .... MU 0494 [12]
Chronologie universelle, Vallaud D. .... FL 0003 [07]
Egypte éternelle (L'), Montet P. .... MU 0302 [09]
Elisabeth de Belgique, Dumont G.H. .... MU 0467 [13]
Grande Guerre (La), Miquel P. .... MU 0471 [13]
Grande Révolution (La), Miquel P. .... MU 0490 [13]
Guerre d'Algérie (La), Courrière Y.
T.1: Les fils de la Toussaint .... MU 0432 [09]
T.2: Le temps des léopards .... MU 0433 [09]
T.3: L'heure des colonels .... MU 0434 [09]
T.4: Les feux du désespoir .... MU 0435 [09]
Histoire, Malet & Isaac
T. 1: Rome et le Moyen Age .... MU 0354 [06]
T. 2: L'Age classique .... MU 0355 [06]
T. 3: Les Révolutions .... MU 0356 [06]
T. 4: La naissance du monde moderne .... MU 0357 [06]
Histoire de France de Jacques Bainville .... MU 0463 [14]
Histoire de la France, Miquel P. .... MU 0449 [14]
Histoire de la Gestapo, Delarue J. .... MU 0459 [12]
Histoire de la milice T.1, Delperrie de Bayac J. .... MU 0416 [07]
Histoire de la milice T.2, Delperrie de Bayac J. .... MU 0417 [07]
Hommes de la croisade (Les), Pernoud R. .... MU 0324 [07]
Hommes de la Grande Guerre (Les), Miquel P. .... MU 0472 [12]
Hommes politiques du XXe siècle (Les), Vallaud P. .... FL 0016 [07]
Histoire du XXème siècle, Vallaud P. .... FL 0004 [07]
Ils ont gouverné la France, Mathieu-Rosay J. .... MU 0465 [09]
Inquisition espagnole (L'), Bennassar B. .... MU 0396 [09]
Islam (L'), Kalisky R. .... MU 0160 [07]
Marie de Bourgogne, Dumont G.-H. .... MU 0437 [09]
Napoléon, Delmotte E. .... FL 0028 [07]
Néron, Cizek E. .... MU 0466 [13]
Par le sang versé, Bonnecarrère P. .... MU 0427 [09]
Qui ose vaincra, Bonnecarrère P. .... MU 0428 [12]
Rois qui ont fait la France (Les), Bordonove G.
Hugues Capet .... MU 0475 [12]
Philippe Auguste .... MU 0476 [12]
Saint Louis .... MU 0477 [12]
Philippe le Bel .... MU 0478 [12]
Charles V .... MU 0479 [12]
Charles VII .... MU 0480 [12]
Louis XI .... MU 0481 [12]
Henri IV .... MU 0485 [12]
Louis XIII .... MU 0486 [12]
Louis XIV .... MU 0487 [12]
Louis XV .... MU 0488 [12]
Louis XVI .... MU 0489 [12]
Rommel, Young D. .... MU 0462 [06]
Saint Louis, Richard J. .... MU 0448 [14]
Seconde Guerre mondiale (La), Miquel P. .... MU 0492 [13]
Talleyrand, Madelin L. .... MU 0392 [09]
Templiers (Les), Bordonove G. .... MU 0292 [07]

IMPRIMÉ EN FRANCE PAR BRODARD ET TAUPIN
1315F-5 - Usine de La Flèche (Sarthe), le 15-01-1992.

pour le compte des
Nouvelles Editions Marabout
D.L. février 1992/0099/9
ISBN 2-501-01709-9